医学影像专业特色系列教材

大学物理实验

主　编　仇　惠

副主编　盖立平

编　者（按姓氏笔画排序）

仇　惠（牡丹江医学院）

吉　强（天津医科大学）

刘东华（新乡医学院）

李明珠（牡丹江医学院）

杨艳芳（牡丹江医学院）

张　凡（牡丹江医学院）

张艳洁（牡丹江医学院）

周志尊（牡丹江医学院）

周鸿锁（牡丹江医学院）

徐春环（牡丹江医学院）

高　杨（牡丹江医学院）

商清春（牡丹江医学院）

盖立平（大连医科大学）

富　丹（牡丹江医学院）

科学出版社

北　京

内 容 简 介

本教材是根据全国医学院校大学物理实验课程教学的基本要求，在多年教学实践及教学改革基础上，充实完善编写而成的。其编写特点是为扩展现代实验技术手段，开拓设计性实验，增加了综合性物理实验和医学物理实验新内容。全书分为测量误差及数据处理、基础物理实验、综合性物理实验和医学物理实验车部分，总计31个实验。

本书适用于高等医药院校生物医学工程、临床、预防、口腔、影像、药学、检验、麻醉、护理等医院类各专业，也可供其他专业师生参考使用。

图书在版编目（CIP）数据

大学物理实验/仇惠主编. —北京：科学出版社，2014.6
医学影像专业特色系列教材

ISBN 978-7-03-041289-8

Ⅰ. 大⋯ Ⅱ. 仇⋯ Ⅲ. 物理学-实验-医学院校-教材 Ⅳ. O4-33

中国版本图书馆CIP数据核字(2014)第131742号

责任编辑：周万灏 李 植／责任校对：桂伟利
责任印制：徐晓晨／封面设计：范璧合

科 学 出 版 社出版
北京东黄城根北街16号
邮政编码：100717
http://www. sciencep. com

北京东华虎彩印刷有限公司印刷
科学出版社发行 各地新华书店经销

*

2014 年 6 月第 一 版 开本：787×1092 1/16
2015 年 1 月第二次印刷 印张：9 1/2
字数：216 000

定价：39. 80元

（如有印装质量问题，我社负责调换）

医学影像专业特色系列教材
编委会

序

医学影像专业特色系列教材以《中国医学教育改革和发展纲要》为指导思想，强调三基、五性，紧扣医学影像学专业培养目标，紧密联系专业发展特点和改革的要求，由10多所医学院校医学影像学专业的教学专家与青年教学翘楚共同参与编写。

本系列教材是在教育部建设特色应用型大学和培养实用型人才背景下编写的，突出了实用性的原则，注重基层医疗单位影像方面的基本知识和基本技能的训练。本系列教材可供医学影像学、医学影像技术、生物医学工程及放射医学等专业的学生使用。

本系列教材第一批由人民卫生出版社出版，包括《医学影像设备学实验》、《影像电工学实验》、《医学图像处理实验》、《医学影像诊断学实验指导》、《医学超声影像学实验与学习指导》、《医学影像检查技术实验指导》、《影像核医学实验与学习指导》七部教材。此次由科学出版社出版，包括《影像电子工艺学及实训教程》、《信号与系统实验》、《大学物理实验》、《临床医学设备学》、《医用常规检验仪器》、《医用传感器》、《AutoCAD中文版基础教程》、《介入放射学实验指导》八部教材。

本系列教材吸收了各参编院校在医学影像专业教学改革方面的经验，使其更具有广泛性。本系列教材各自成册，又互成系统，希望能满足培养医学影像专业高级实用型人才的要求。

医学影像专业特色系列教材编委会

2014年4月

前　　言

物理学是一门以实验为基础的自然科学，大学物理实验课教学的目的是培养学生具有良好的实验素养，掌握基本的实验技能，熟悉和了解基本物理仪器的原理和使用方法，增强开展科研工作的能力。为将来的医疗和科研工作打下坚实的基础。

本教材是根据全国医学院校大学物理实验课程教学的基本要求，本着实验教学与理论教学相辅相成的教学特点，结合医学院校的实际情况，在多年教学实践及教学改革基础上，并考虑到近年来物理学教学内容的新进展，充实完善编写而成的。其编写特点是在保证物理实验学科系统不变的同时，强化有关用物理学的方法、技术去解决医学实践问题的实验项目，同时，也适当增加了综合提高实验和医学物理实验内容。本书共编入31个实验项目，分为四章：测量误差及数据处理；基础物理实验；综合性物理实验和医学物理实验。我们尽量选编与医学密切相关的实验内容，力求简明易懂，避开详尽的数学推导，便于学生理解和掌握。

本书适用于高等医药院校生物医学工程、临床、预防、口腔、影像、药学、检验、麻醉、护理等医药类各专业，也可供与生命科学有关的其他专业师生参考使用。

限于编者的水平，书中不当之处难免存在，恳求使用本书的师生给予指正，以便再版时加以改正。

编　者
2014年3月

目　　录

绪　论

物理学是一门以实验为基础的自然科学，大学物理实验则是理论课教学重要的有机组成部分。通过大学物理学的学习，学生能获得在今后的医疗实践和医学科学研究中所需要的物理学知识；而大学物理实验所传授给学生的技能，增长了他们解决一些实际问题的能力，培养了他们严谨的科学作风。现代医学研究和临床诊断、治疗等方面都广泛应用着物理学的实验手段和物理学理论的指导，因此，医学院校所开设的大学物理实验所包含的一些基础、综合性物理实验之外，还应把侧重点放在与医学、生命科学联系较为密切的医学物理实验上，为今后的学习和工作打下坚实的基础。

一、大学物理实验的教学目的

(1) 培养学生的基本实验技能及动手能力，使学生掌握一些基本物理量的测量方法，学会正确使用物理仪器，对实验数据进行正确判断和处理，并对实验结果进行合理分析。

(2) 通过对实验现象的观察、对物理量的测量和对实验结果的分析，使学生加深对物理学基本理论和定律的理解和掌握，逐步提高观察、分析实验现象和总结实验规律的能力。

(3) 通过实验课的教学使学生在运用理论知识、采取合理的实验方法和实验技术手段解决实际问题方面得到必要的基本训练，同时培养学生严谨认真、实事求是的工作作风。

二、大学物理实验的基本要求

物理实验课是学生在教师指导下独立进行实验的课程。因此，在整个实验课过程中要充分发挥学生的主观能动性，通过下面三个实验环节进一步加以明确，并提出基本要求。

1. 课前认真预习　首先要了解实验误差的基本概念，能分析误差发生的原因，能正确按照处理有效数字的规则进行数据记录和运算。

实验必须在理论指导下有目的地进行，课前认真阅读实验教材，充分了解本次实验的目的、原理、方法、内容和注意事项，同时对实验所用的仪器、设备、元件及实验步骤有一个大概的了解，在充分预习的基础上写出预习报告，并设计好数据记录表格。

2. 课中正确操作　实验时要遵守实验室的规章制度，仔细阅读仪器的使用方法和注意事项，在教师指导下正确使用仪器。实验进行时应合理操作，认真思考，仔细观察，及时认真地把原始数据用钢笔记录在预先画好的表格内，如需删去已记入的数据，可用笔划掉，同时注明原因。测量完毕后请教师检查实验数据，合格后方可结束实验并请教师签字。

3. 课后写好报告　先对数据进行整理计算，然后用简洁的文字写好实验报告。实验报告应字迹清楚、文理通顺、图表正确、完整，逐步培养分析、总结问题的能力。实验报告的内容为：

(1) 实验题目、日期。

(2) 实验目的；简述实验原理。

(3) 实验器材及所用元器件（仪器应写出型号、编号、规格）。

(4) 实验内容及步骤。

(5) 完成实验数据表格及图线、图表等。

(6) 实验结果的表示及讨论：将实验结果用正确的形式表示清楚，并对实验结果进行讨论。回答课后思考题。提出对本次实验的意见及建议。

(7) 原始数据应经教师检查、签字，并附在实验报告中。

(8) 实验教学中要进行严格考查，未完成全部实验或操作未达到要求的学生必须补做或重做。

第一章　测量误差及数据处理

一、测量与误差

物理实验包括两个方面的内容：一是对物理现象的变化过程作定性的观察，二是对物理量进行定量的测量。测量是物理实验的基础，研究物理现象、了解物质特性、验证物理原理都要进行测量。

1. 测量　借助仪器，通过一定的方法，将待测量与一个选作标准单位的同类量进行比较的过程称为测量，其比值即是该被测量的测量值。记录下来的测量结果应该包含测量值的大小和单位，二者缺一不可。根据测量方法可分为直接测量与间接测量。可用测量仪器或仪表直接读出的测量值的测量，称为直接测量。例如用米尺测长度，用毫安表量电流，用温度计测温度等。但是，有些物理量无法进行直接测量，需要根据待测量与若干个直接测量值的函数关系(一般为物理概念和定律)求出，这样的测量称为间接测量。例如，用多普勒血流测量仪测量人体内某处的血流速度时，已知超声探头发射的频率v_0，超声在该介质中的传播速度c，然后测出夹角θ以及频移Δv，就可以计算出血流速度$\upsilon = \dfrac{c \cdot \Delta v}{2v_0 \cdot \cos\theta}$的大小。

按测量条件测量可分为等精度测量和不等精度测量。在对某一物理量进行多次重复测量过程中，每次测量条件都相同的一系列测量称为等精度测量。例如，由同一个人在同一仪器上采用同样测量方法对同一待测物理量进行多次测量，每次测量的可靠程度都相同，这些测量是等精度测量。在对某一物理量进行多次重复测量过程中，测量条件完全不同或部分不同，各结果的可靠程度自然也不同的一系列测量称为不等精度测量。例如，对某一物理量进行测量时，选用的仪器不同，或测量方法不同，或测量人员不同等都属于不等精度测量。绝大多数实验都采用等精度测量。

2. 误差　反映物质固有属性的物理量所具有的客观的真实数值称为真值。由于测量所使用的仪器不可能是尽善尽美，测量所依据的理论公式所要求的条件也是无法绝对地保证，再加上测量技术、环境条件等各种因素的局限，真值一般无法得到。但是，从统计理论可以证明，在条件不变的情况下进行多次测量时，可以用算术平均值作为相对真值。

实际测得的量值称为测量值。测量结果与客观存在的真值之间总有一定的差异。我们把测量结果与真值之间的差值称为测量误差，简称误差。误差存在于一切测量之中，而且贯穿于整个测量过程。在确定实验方案、选择测量方法或选用测量仪器时，要考虑测量误差。在数据处理时，要估算和分析误差。总之，必须以误差分析的理论指导实验的全过程。

误差的表示法有两种：绝对误差与相对误差，二者存在一定的联系。

$$\text{绝对误差}=|\text{测量值}-\text{真值}|$$

$$\text{相对误差}=|\text{绝对误差}/\text{真值}|\times 100\%$$

绝对误差简称误差，相对误差是用来表示测量的相对精确度，用百分数表示。

3. 误差的分类　测量误差按原因与性质可分为系统误差、随机误差和过失误差三大类。

(1) 系统误差：系统误差指在相同条件下，多次测量同一物理量时，测量值对真值的偏离(大小和方向)总是相同。

系统误差的主要来源有：①仪器误差(如刻度不准，米尺弯曲，零点没调好，砝码未校正)；

②环境误差(如温度, 压强等的影响); ③个人误差(如读数总是偏大或者偏小等); ④理论和公式的近似性(如用单摆测量重力加速度时所用公式的近似性)等。

增加测量次数并不能减小系统误差, 为了减小和消除系统误差, 必须针对其来源逐步具体考虑, 或者采用一定的测量方法, 或者经过理论分析、数据分析和反复对比的方法找出适当的关系对结果进行修正。

(2) 随机误差: 随机误差(又称偶然误差)是指在同一条件下多次测量同一物理量, 测量结果总是稍许差异且变化不定。

随机误差来源于各种偶然的或不确定的因素: ①人们的感官(如听觉、视觉、触觉)的灵敏度的差异和不稳定; ②外界环境的干扰(温度的不均匀、振动、气流、噪声等); ③被测对象本身的统计涨落等。

虽然偶然误差的存在使每一次测量偏大或偏小是不确定的, 但是, 当测量次数增加时, 它服从一定的统计规律。在一定的条件下, 经过多次测量, 测量值落在真值附近的某个范围内的几率是一定的, 而且偏离真值较小的数据比偏离真值较大的数据出现的几率大, 偏离真值很大的数据出现的几率趋于0。因此, 增加测量次数可以减少偶然误差。

系统误差与偶然误差的来源、性质不同, 处理方法也不同。但是, 它们之间也是有联系的。如对某问题从一个角度来看是系统误差, 而从另一个角度来看又是偶然误差。因此在误差分析中, 往往把两者联系起来对测量结果作总体评定。

(3) 过失误差: 过失误差是由于观测者不正确地使用仪器、操作错误、读数错误、观察错误、记录错误、估算错误等不正常情况下引起的误差。错误已不属于正常的测量工作范围, 应将其剔除。所以, 在作误差分析时, 要估计的误差通常只有系统误差和随机误差。

4. 测量的精密度、准确度和精确度 对于测量结果作总体评定时, 一般把系统误差和随机误差联系起来看。精密度、准确度和精确度都是评价测量结果好坏的, 但是这些概念的涵义不同, 使用时应加以区别。

(1) 精密度: 精密度表示测量结果中的随机误差大小的程度。它是指在一定的条件下进行重复测量时, 所得结果的相互接近程度, 是描述测量重复性高低的。精密度高, 即测量数据的重复性好, 随机误差较小。

(2) 准确度: 准确度表示测量结果中的系统误差大小的程度。它是指测量值或实验所得结果与真值符合的程度, 即描述测量值接近真值的程度。准确度高, 即测量结果接近真值的程度好, 系统误差小。

(3) 精确度: 精确度是测量结果中系统误差和随机误差的综合。它是指测量结果的重复性及接近真值的程度。对于实验和测量来说, 精密度高准确度不一定高, 而准确度高精密度也不一定高; 只有精密度和准确度都高时, 精确度才高。

二、测量误差的计算

1. 直接测量误差的计算 在物理实验中, 直接测量主要有单次测量和多次测量。这时, 测量值的误差可根据实际情况进行合理的具体估算。

为了减小偶然误差, 在可能的情况下, 应采用多次测量, 并将其算术平均值作为被测量的物理量的真值。对某一物理量在相同条件下进行k次测量, 各次结果分别为x_1、x_2、$\cdots$、x_k, 则它们的算术平均值为

$$\overline{x} = \frac{x_1 + x_2 + \cdots + x_k}{k} = \sum_{i=1}^{k} \frac{x_i}{k}$$

这个算术平均值 $\overline{x}$ 可认为是被测量的物理量的真值。

测量值的误差常用以下几种方法表示：

(1) 算术平均误差：各次测量值 x_i 与算术平均值 $\overline{x}$ 的差 Δx_i，其值分别为：$\Delta x_1 = x_1 - \overline{x}$、$\Delta x_2 = x_2 - \overline{x}$、$\cdots$、$\Delta x_k = x_k - \overline{x}$，它反映了各次测量的误差，称为测量值的绝对误差，绝对误差有正负之分。我们把算术平均误差定义为

$$\overline{\Delta x} = \frac{|\Delta x_1| + |\Delta x_2| + \cdots + |\Delta x_k|}{k} = \sum_{i=1}^{k} \frac{|\Delta x_i|}{k}$$

因为它是以绝对误差的绝对值表示测量值的误差，故 $\overline{\Delta x}$ 又称为平均绝对误差，它表示被测量的物理量的平均值的误差范围，也就是说，被测量物理量值大部分在 $\overline{x} + \overline{\Delta x}$ 和 $\overline{x} - \overline{\Delta x}$ 之间，因而测量结果应表示为 $\overline{x} \pm \overline{\Delta x}$。

(2) 标准误差：各次测量值 x_i 与算术平均值 $\overline{x}$ 的差 Δx_i，再取其平方的平均值，然后开方，这样得到的结果称为标准误差，即

$$\sigma = \sqrt{\sum_{i=1}^{k} \frac{(\Delta x_i)^2}{k}}$$

标准误差在误差分析和计算中，常作为偶然误差大小的量度。被测物理量的结果可表示为 $\overline{x} \pm \sigma$。

(3) 相对误差：绝对误差可用来估计测量值的误差范围，但不能反映测量的准确程度。为此，我们将平均绝对误差 $\overline{\Delta x}$ 与测量的算术平均值 $\overline{x}$ 的比值，称为平均相对误差，用来定量表示测量的准确度。即

$$E = \frac{\overline{\Delta x}}{\overline{x}}$$

相对误差还可以用百分数来表示，称为百分误差，即 $E = \frac{\overline{\Delta x}}{\overline{x}} \times 100\%$。

此外，我们还会遇到一些被测量已经有公认值(或理论值)。这时，求百分误差可用公认值代替 $\overline{x}$，而 $\overline{\Delta x}$ 则是我们所得到的测量值与公认值之差的平均绝对值。

2. 间接测量误差的计算 在物理实验中，大多数测量是间接测量，是由多个直接测量值通过一定的公式计算得出最后结果。因此，直接测量的误差必然对间接测量的误差有所影响，这一问题可应用误差传递公式来进行处理。设 x、y 为直接测量值，可表示为 $x = \overline{x} \pm \overline{\Delta x}$，$y = \overline{y} \pm \overline{\Delta y}$，$N$ 为间接测量值，$N = \overline{N} \pm \overline{\Delta N}$。那么，间接测量误差结果的表示如下：

(1) 和的误差：若 $N = x + y$，则

$$\overline{N} \pm \overline{\Delta N} = \left(\overline{x} \pm \overline{\Delta x}\right) + \left(\overline{y} \pm \overline{\Delta y}\right) = \left(\overline{x} + \overline{y}\right) \pm \left(\overline{\Delta x} + \overline{\Delta y}\right)$$

得算术平均值为

$$\overline{N} = \overline{x} + \overline{y}$$

考虑到可能产生的最大误差，则得到和的平均绝对误差为

$$\overline{\Delta N} = \overline{\Delta x} + \overline{\Delta y}$$

相对误差为

$$\frac{\overline{\Delta N}}{\overline{N}} = \frac{\overline{\Delta x} + \overline{\Delta y}}{\overline{x} + \overline{y}}$$

(2) 差的误差: 若 $N=x-y$, 则

$$\overline{N} \pm \overline{\Delta N} = \left(\overline{x} \pm \overline{\Delta x}\right) - \left(\overline{y} \pm \overline{\Delta y}\right) = \left(\overline{x} - \overline{y}\right) \pm \left(\overline{\Delta x} + \overline{\Delta y}\right)$$

得算术平均值为

$$\overline{N} = \overline{x} - \overline{y}$$

考虑到可能产生的最大误差, 则得到差的平均绝对误差为

$$\overline{\Delta N} = \overline{\Delta x} + \overline{\Delta y}$$

相对误差为

$$\frac{\overline{\Delta N}}{\overline{N}} = \frac{\overline{\Delta x} + \overline{\Delta y}}{\overline{x} - \overline{y}}$$

由此可见, 和差运算中的平均绝对误差, 等于各直接测量值的平均绝对误差之和。

(3) 积的误差: 若 $N=x\cdot y$, 则

$$\overline{N} \pm \overline{\Delta N} = \left(\overline{x} \pm \overline{\Delta x}\right) \cdot \left(\overline{y} \pm \overline{\Delta y}\right) = \overline{x} \cdot \overline{y} \pm \overline{y} \cdot \overline{\Delta x} \pm \overline{x} \cdot \overline{\Delta y} \pm \overline{\Delta x} \cdot \overline{\Delta y}$$

得算术平均值为

$$\overline{N} = \overline{x} \cdot \overline{y}$$

略去 $\overline{\Delta x} \cdot \overline{\Delta y}$, 考虑到可能产生的最大误差, 则得到积的平均绝对误差为

$$\overline{\Delta N} = \overline{y} \cdot \overline{\Delta x} + \overline{x} \cdot \overline{\Delta y}$$

相对误差为

$$\frac{\overline{\Delta N}}{\overline{N}} = \frac{\overline{\Delta x}}{\overline{x}} + \frac{\overline{\Delta y}}{\overline{y}}$$

(4) 商的误差: 若 $N = \dfrac{x}{y}$, 则

$$\overline{N} \pm \overline{\Delta N} = \frac{\left(\overline{x} \pm \overline{\Delta x}\right)}{\left(\overline{y} \pm \overline{\Delta y}\right)} = \frac{\left(\overline{x} \pm \overline{\Delta x}\right)\left(\overline{y} \mp \overline{\Delta y}\right)}{\left(\overline{y} \pm \overline{\Delta y}\right)\left(\overline{y} \mp \overline{\Delta y}\right)} = \frac{\overline{x} \cdot \overline{y} \pm \overline{y} \cdot \overline{\Delta x} \mp \overline{x} \cdot \overline{\Delta y} - \overline{\Delta x} \cdot \overline{\Delta y}}{\overline{y}^2 - \overline{\Delta y}^2}$$

略去 $\overline{\Delta x} \cdot \overline{\Delta y}$ 和 $\overline{\Delta y}^2$, 考虑到可能产生的最大误差, 得算术平均值为

$$\overline{N} = \frac{\overline{x}}{\overline{y}}$$

则得到商的平均绝对误差为

$$\overline{\Delta N} = \frac{\overline{y} \cdot \overline{\Delta x} + \overline{x} \cdot \overline{\Delta y}}{\overline{y}^2}$$

相对误差为

$$\frac{\overline{\Delta N}}{\overline{N}} = \frac{\overline{\Delta x}}{\overline{x}} + \frac{\overline{\Delta y}}{\overline{y}}$$

由此可见, 乘除运算中的相对误差, 等于各直接测量值的相对误差之和。

(5) 方次与根的误差: 由乘除法的相对误差公式, 可证明

$$若 N=x^n, 则 \frac{\overline{\Delta N}}{N} = n \cdot \frac{\overline{\Delta x}}{x} \qquad 若 N = x^{\frac{1}{n}}, 则 \frac{\overline{\Delta N}}{N} = \frac{1}{n} \cdot \frac{\overline{\Delta x}}{x}$$

上述各种运算,可推广到任意一个直接测量值的情况。从以上结论可看到,当间接测量值的计算式中只含加减运算时,先计算绝对误差,后计算相对误差比较方便;当计算式中含有乘、除、方次与根的运算时,先计算相对误差,后计算绝对误差较为方便。

三、有效数字及其运算

1. 测量仪器的精密度 要对某一物理量进行测量,必须使用各种仪器。但各种仪器由于其结构及生产技术条件等各方面因素的限制,都有一定的精密度。使用不同精密度的仪器,测量结果的精密度也各不相同。

在使用仪器进行测量时,仪器的最小刻度称为该仪器的精密度。例如,一个米尺的最小分格是1mm,其精密度就是1mm,用它进行测量,则可准确读到毫米,并能估计到0.1 mm。有的仪器有特殊标记,如电子仪表的精密度是以级数标记的,例如某电表是2.5级,表示测量误差为2.5%,级数越小,精密度就越高。

2. 有效数字的概念 仪器的精密度限制了测量的精密度。例如,我们用米尺测量某一物体的长度,测得值是在2.3~2.4cm,能否再精确一点呢?那就要估计读数了,比如说,估计得2.36cm,显然,最后一位数"6"是不准确的,对不同的实验者所估计出来的数不一定相同,因而是可疑数字。我们把测量结果的数字记录到开始可疑的那一位为止,因此我们把可靠数字带有一位估计值(可疑数字)的近似数字,称为测量结果的可疑数字。

3. 有效数字的运算法则 在实验中大多数遇到的是求间接测量的物理量,因而不可避免地要加以各种运算,参加运算的分量可能很多,各分量有效数字的位数多少又不相同,那么运算结果的有效数字位数怎样确定呢?下面就介绍一种近似计算方法,利用它不仅可简化计算,而且又不影响结果的准确程度。但应注意:有效数字的运算结果只能知道运算结果的有效数字中可疑数字在哪一位,而不知道其误差的大小。

有效数字中最后一位是可疑数字,可疑数字是有误差的,所以,可疑数字与准确数字(或可疑数字)的和、差、积、商也是可疑数字,故其运算方法与数学上有所不同,如下例(数字下有"－"者为可疑数字):

(1) **加法与减法:** 几个数相加减时,运算结果的最后一位,应保留到尾数位最高的(绝对误差最大)一位可疑数字,其后一位可疑数字可按"舍入法则"处理。

例1-1

$$
\begin{array}{r}
5\,8\underline{4} \\
+\quad 24.3\underline{0} \\
\hline
60\,8.3\underline{0}
\end{array}
$$

结果取 $6\,0\underline{8}$

例1-2

$$
\begin{array}{r}
87.5\underline{4} \\
-\quad 0.11\underline{2} \\
\hline
87.4\underline{28}
\end{array}
$$

结果取 $87.4\underline{3}$

(2) **乘法与除法:** 几个数相乘除时,运算结果的有效数字一般应以各量中包含有效数字的位数最少者为准(特殊情况可多取或少取一位),其后面一位可疑数字可按"舍入法则"处理。运算过程中,各测量值可多保留一位有效数字。

舍入法则: 从第二位可疑数字起,要舍入的数如小于"5"则舍去,如大于"5"则进1。如等于"5"则看前面的一位数,前面一位为奇数,则进1,使其为偶数;若前面一位为偶数(包括零),则舍去后面的可疑数字。

例1-3

$$3.21\underline{0}$$
$$\times\ \ 2.5\underline{0}$$
$$\overline{000\underline{0}}$$
$$1605\underline{0}$$
$$642\underline{0}$$
$$\overline{8.02500}$$

结果取 8.0$\underline{2}$

例1-4

$$12\overline{)93.504}$$ 商 $7.\underline{792}$

$$\begin{array}{r} 7.\underline{7}92 \\ 12\overline{\smash{)}93.504} \\ \underline{84} \\ 95 \\ \underline{84} \\ 110 \\ \underline{108} \\ 24 \\ \underline{24} \\ 0 \end{array}$$

结果取 7.$\underline{8}$

(3) 乘方与开方：其结果的有效数字位数一般与被乘方、开方数的有效数字位数相同。

例 1-5 　　 $(5.2\underline{5})^2=27.\underline{6}$

例 1-6 　　 $\sqrt{14.\underline{6}}=3.8\underline{2}$

(4) 对数：其结果的有效数字位数与真数的位数相同。

例1-7 　　 lg19.28=1.28$\underline{5}$

(5) 三角函数：其结果的有效数字位数与角度的位数相同。

例1-8 　　 cos32.$\underline{7}$° =0.84$\underline{2}$

在相同条件下，用不同精度的仪器测量同一对象时，仪器的精密度愈高，测量值的有效数字位数就愈多。因此，用有效数字记录的测量值，不仅反映了它的量值的大小，还反映了它的准确程度，这就是有效数字的双重性。

根据有效数字的性质，在记录和处理实验数据时，应注意以下问题：

(1) 有效数字的位数与小数点的位置无关。例如1.504m=0.001504km是同一测量结果，都是四位有效数字，数字前表示小数点位置的"0"不是有效数字，其精密度都相同。亦可推知，有效数字的位数与单位变换无关。

(2) 有效数字与"0"的关系："0"在中间或后面都是有效数字，决不能因为零在最后面而舍去。例如：10.2cm和10.20cm，从数字上看，它们是相等的量。但是这两个数的有效数字位数是不一样的，在物理学上的意义完全不同，它们有不同的精确度。

(3) 有效数字与自然数或常数的关系：在运算中常会遇到自然数和常数，例如π、e、$\sqrt{2}$ 等，这些数不是测量值，其有效数字可以认为无穷多，在计算时需要几位数字就可以取几位，通常所取位数与测量值的位数一样就可以。

(4) 如果有效数字的数值很大或很小时，可用科学计数法表示成 $K\times10^n$（ n 可正可负）的形式。例如0.00305m可写成 3.05×10^{-3} m，30586m可写成 3.0586×10^4 m。

四、实验数据的处理方法

实验的结果，不但与测量方法的选择、所用仪器的精密度、操作的熟练程度和实验时的细心程度有关，而且还与实验数据的记录有关。原始数据必须填写在预先绘制的表格中，不得随意涂改原始数据。

实验中所得的大量数据，需要进行整理、分析和计算，并从中得到最后的实验结果和寻找实验的规律，这个过程称为实验数据的处理。实验数据的处理方法很多，常用的方法有三种，即列表法处理实验数据、图示法处理实验数据、根据实验数据求出经验方程。现分别介绍如下：

1. 列表法

(1) 数据列表可以简单而明确地表示各量之间的关系，便于检查和及时发现问题，有助于找出有关量之间的规律，求出经验公式。

(2) 列表时要简明。要交代清楚表中各符号的意义，并写明单位。表中的数据要正确反映测量结果的有效数字，如为间接测量，还应简要列出公式。

2. 图示法　许多情况下，实验所得数据是表示一个物理量(因变量)随另一个物理量(自变量)而改变的关系。这些对应关系的变化情况，通常用图示法。图示法是将测量的数据标在坐标纸上，形成一组数据点，再把这些点连成光滑的曲线。其优点是能把测量量之间的关系简明地表示出来，并可从曲线中直接求出待测量。它在医学研究中常被使用。要正确绘出一条实验曲线，必须注意以下几点：

(1) 一般以横坐标表示自变量，纵坐标表示因变量。坐标轴的末端要标明所示物理量的名称和单位，在图的下方标出图名。

(2) 作图时要用坐标纸，坐标纸的大小及坐标轴的比例，应根据测量数据的范围需要来确定，尽量使图线占据图纸大部分或全部。在某些情况下，横轴和纵轴的标度可以不同，两轴交点的标度也不一定从零开始，轴上的标度应隔一定间距用整数标出，以便寻找和计算。

(3) 每个实验点要用符号在坐标纸上明确表示出来。常用的符号为×、+、·等，其中心与实验点相对应。

(4) 曲线不必通过所有点，但要求曲线两侧点的个数近似相等，点到曲线的距离也近似相等。

3. 经验方程法　把实验结果列成或绘成图可以表示物理规律(物理之量间的关系)，但图、表注往没有用函数表示的明确和方便，并且理论严格，而函数式在微分、积分上均可给予很大的帮助。在函数形式确定后，结果是唯一的，不会因人而异。如果用作图法处理同样的数据，即使肯定是线性的，不同的工作者给出的直线会不同，这是作图法不如经验方程法的地方。获得经验方种的一般步骤是，首先确定函数形式，然后用实验数据确定经验方程式中的待定常数。

函数形式的确定，一般是根据理论的推断或将实验数据绘成图后，从图的变化趋势推测出来的。如果推断物理量y和x之间的关系是线性的，则把函数形式写成

$$y=ax+b$$

有了求法有很多种，主要是根据简便或所需的准确度来选择。最常用的有直线图解法、选点法、平均法和最小二乘法。

【思考题】

1. 指出下列有效数字的位数

①$L=0.010\ 2$mm；②$L=1.007\ 0$m；③$g=9.806\ 65$m · s^{-2}；④$c=3.00 \times 10^8$mg · s^{-1}；⑤$e=1.602 \times 10^{-19}$C；⑥$p=1.013 \times 10^5$Pa。

2. 指出下列各式中关于有效数字的错误

①$m=0.405\ 0$kg是三位有效数字；②$m=1.405\ 0$kg是四位有效数字；③$0.3$A$=300$mA；④$t=(10.60 \pm 0.4)$s；⑤$L=(15000 \pm 200)$m；⑥$33.740+10.28-1.003\ 6=43.016\ 4$；⑦$22.30 \times 12.3=27.43$；⑧$3.212 \times 10^3 - 0.12 \times 10^2 = 32 \times 10^2$。

3. 按有效数字运算法计算下列各式

①$124.43-12.5+20.10$；②$4.862 \times 6.3 \times 0.002$；③$0.003/1000$；④$\dfrac{(2.480-2.2) \times 5.898}{2.00}$；⑤$\sqrt{625}$；⑥$1.321 \times 10^{-3} + 0.0242$。

(仇　惠)

第二章　基础物理实验

实验1　基本测量

【实验目的】

(1) 了解游标卡尺、外径千分尺的结构及原理。

(2) 学会并熟练掌握它们的使用方法。

(3) 进一步熟悉和巩固误差和有效数字概念。

【实验原理】

长度是一个基本物理量,许多其他的物理量也常常化为长度进行测量,许多测量仪器的长度或角度等读数部分也常常用米尺刻度或根据游标、外径千分尺等原理制成。在实验室中常用的长度测量仪器有米尺、游标卡尺和外径千分尺等。通常用量程和分度值表示这些仪器的规格。量程是测量范围,分度值是仪器的精密程度。一般来说,分度值越小,仪器越精密,仪器本身的"允许误差"(尺寸偏差)相应也越小。

1. 游标卡尺的构造和游标原理　游标卡尺的外形如图1-1所示,它是由主尺D和副尺即游标E所组成的。量爪(亦称测脚)A、A′固定在主尺上,B、B′与游标连在一起。尾尺(深度尺)C也与游标连在一起,游标可沿主尺滑动。螺丝F用来固定游标。量爪A、B(称外量爪、外卡或钳口)用来测量物体的外部尺寸;量爪A′、B′(称内量爪、内卡或刀口)用来测量物体的内部长度;尾尺C用来测量深度。它们的读数值,都是由游标的0线与主尺的0线之间的距离表示出来的。

根据游标分度数的不同,常用的游标卡尺有50分度、20分度和10分度等规格。

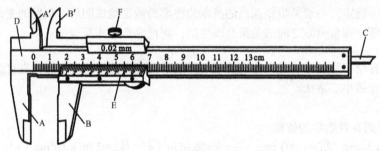

图1-1　游标卡尺

游标原理: 普通米尺最小的刻度是毫米,即它的分度值是1mm。假如用它度量某一物体的长度,我们只能准确读到毫米,毫米以下的数字就要估计。为了能够更准确地读出毫米的十分之几,在米尺旁再附加一个能够滑动的有刻度的副尺,这个副尺称为游标,而原来的米尺称为主尺。

常用的游标卡尺的设计: 游标上m个分度的总长,正好与主尺上$(m-1)$个最小分度的总长相等。设主尺上最小分度为y(1mm),游标上最小分度为x(小于1mm)则有

$$mx=(m-1)y$$
$$mx=my-y$$
$$m(y-x)=y$$

令$\Delta x=y-x$, 即主尺上最小分度与游标上最小分度相差的毫米数。

则$\Delta x = y - x = \dfrac{y}{m}$，$\Delta x$称为游标卡尺的精度(或分度值)。

以50分度游标卡尺为例，游标上有$m=50$格，其总长与主尺上$(m-1)=49$格的总长相等，如图1-2所示。

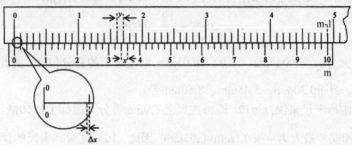

图1-2 游标原理

这样有$50x = (50-1)$mm

$$x = \frac{49}{50}\text{mm}$$

$\Delta x = 1 - x = \dfrac{1}{50}mm=0.02$mm，即50分度游标卡尺的分度值为0.02mm。

利用游标卡尺测量物体的长度时，把物体放于钳口之间，这时游标向右移动，若游标的0线移至主尺K刻度与$K+1$刻度之间，如图1-3所示。

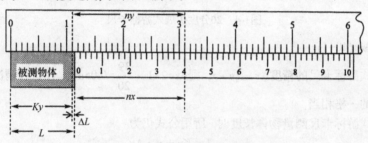

图1-3 用游标卡尺测量物体的长度

显而易见，物体长度为

$$L = Ky + \Delta L$$

从图可见 $\Delta L = ny - nx$

$$\Delta L = n(y-x) = n\Delta x = n\frac{y}{m}$$

$$L = Ky + n\frac{y}{m}$$

可见，一物体的长度，借助游标来测量，等于主尺整数分度读数(Ky)，加上游标卡尺的精度(y/m)与游标上和主尺某一刻度重合的刻度格数(n)的乘积。图1-3所示被测物体的长度为

$$L = Ky + n\frac{y}{m}$$
$$=11 \times 1\text{mm} + 20 \times 0.02\text{mm}$$
$$=11\text{mm} + 0.40\text{mm}$$
$$=11.40\text{mm}$$

这里需要说明的是，用游标卡尺读数时，仔细看来，在一般情况下很可能游标上的任何一条线都不与主尺上的某一线完全对齐。通常就认为一对最相近的线是对齐的。这样就可能最多

有半个分度值(对于50分度游标卡尺是0.01mm)的估读误差。根据仪器读数的有效数字的规定，读数的最后一位应是可疑数字。因此，50分度游标卡尺的读数应读到毫米的百分位上，例如0.28mm、4.42mm等。

对于20分度游标卡尺来说，$m=20$，即将主尺上的19mm等分为游标上的20格，这样它的精度为

$$\Delta x = 1 - \frac{19}{20} = 0.05mm$$

估读误差最大为 $\frac{1}{2} \times 0.05$ mm $\approx 0.02 \sim 0.03$mm，也在毫米的百分位上，因此，读数也应读到毫米的百分位上，例如0.20mm、3.45mm、8.60mm等。

对于10分度游标卡尺来说，$m=10$，即将主尺上的9mm等分为游标上的10格。这样它的精度为 $\frac{1}{10} = 0.1$mm。估读误差最大为 $\frac{1}{2} \times 0.1$mm$=0.05$mm，因此，10分度游标卡尺的读数也应该读到毫米的百分位上，例如0.30mm、9.80mm、12.50mm等。

另外，还有一种游标卡尺，称为扩展式游标卡尺。现以20分度扩展式游标卡尺为例来说明。若游标上20等分格的长度与主尺上39格(39mm)的长度相等，如图1-4所示。

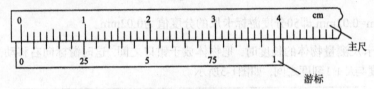

图1-4 20分度扩展式游标卡尺

即 $20x=(40-1)y$

若令扩展式游标卡尺的精度$\Delta x = 2y - x$，则$\Delta x = 2 \times 1 - \frac{39}{20} = 0.05$mm。在这种情况下，主尺上的两格与游标上的一格相当。

利用扩展式游标卡尺测量物体长度时，所用公式仍为

$$L = Ky + n \cdot \Delta x$$

式中n为游标上第n条线与主尺上某一条线重合的格数。

Δx为该游标卡尺的精度，且$\Delta x = 2y - x$。

扩展式游标卡尺的优点是，游尺上的分格比较宽松，便于读数。

使用游标卡尺时，可一手拿被测物体，另一手持尺，如图1-5所示。要特别注意保护量爪不被磨损。使用时轻轻把物体卡住即可读数，不允许用来测量粗糙的物体，并切忌将被夹紧的物体在钳口内挪动。

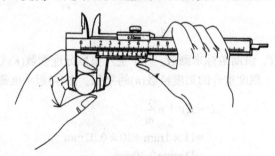

图1-5 游标卡尺的握法

2. 外径千分尺的构造和原理 外径千分尺是比游标卡尺更精密的测长仪器，常用来测量薄

板的厚度、金属丝及小球的直径等。外径千分尺的结构如图1-6所示。

外径千分尺的尺架ABO为一U型框。固定套管CD内有螺纹，它的螺距(即相邻两螺线沿轴线的距离)通常为0.5mm，CD外侧刻有每格为0.5mm的刻度。测微螺杆H穿过CD与微分筒E相连。微分筒口的边缘通常为50等分，转动螺旋头F，可将测定物体夹持在A、H之间。新式的外径千分尺备有棘轮G，转动棘轮至某一程度，如物体已被夹紧时将咯咯作响，可以消除钳口对被测量物体压紧程度的不一致，同时可以避免损坏被测物体和螺纹。

当钳口A、H接触时，则微分筒E左端边缘应落在标尺CD的零线上，而且微分筒的零线也应正对标尺CD的横线。每当螺旋头F旋转一整圈时，则微分筒将在标尺CD上移动一个分度(通常为0.5mm)，因此，微分筒每转动一小格，则在标尺上移动的距离为

$$\frac{0.5mm}{50格} = \frac{0.01mm}{1格}$$

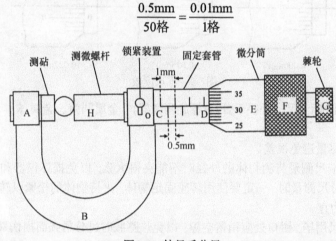

图1-6 外径千分尺

例如，要测定一小球的直径，可将它贴附在钳口上，先转动螺旋头F，使测微螺杆接近小球，然后转动棘轮G，使H与小球接触并听到咯咯声时为止。读数时先在标尺CD上读出0.5mm以上的读数，再加上标尺CD上横线正对微分筒E上的毫米数。如图1-6所示。微分筒E的边缘位于标尺CD的3.0mm和3.5mm之间，而标尺CD的横线正对微分筒E上第30和31分度线的中间，则小球的直径为3.0mm+30.5格×0.01mm/格=3.0mm+0.305mm=3.305mm。

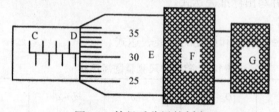

图1-7 外径千分尺的刻度

又如图1-7所示，微分筒E的边缘位于标尺CD的3.5mm和4.0mm之间，而标尺CD的横线正对微分筒E上第30和31分度线的中间，则小球的直径为

3.5mm+30.5格×0.01mm/格=3.5mm+0.305mm=3.805mm

以上两例中的最后一位数(0.005)，由估计得来。

读数时应特别注意活动微分筒上的读数是否过0，过0则加0.5，不过0则不能加0.5。如图1-8所示，虽然5.5mm的刻线已经可以看到，

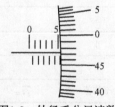

图1-8 外径千分尺读数

但活动套筒上的读数尚未过0, 因此读数应为5.0 + 0.474 = 5.474mm, 而非5.5 + 0.474 = 5.974mm。

外径千分尺钳口A、H接触时, 标尺横线与微分筒零线可能不重合。测量物体时, 必须事先检查, 予以校准或读出零点读数。零点读数有正有负: 微分筒E上的零线在标尺CD横线的上方, 零点读数应为负值; 微分筒E上的零线在标尺CD横线的下方, 零点读数应为正值, 如图1-9所示。测量时读数减去零点读数才是被测物体的实际测量长度。在以后使用各种仪器时, 通常都要进行零点校正。

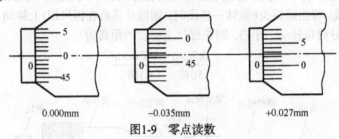

图1-9　零点读数

【实验器材】　游标卡尺、外径千分尺(螺旋测微器)、金属圆筒、金属球。

【注意事项】

(1) 读数时要尽量避免视差。

(2) 使用游标卡尺测量待测物体的外径时不能夹得太紧, 以免损坏仪器和影响测量的准确程度。当用外径千分尺测量时, 一定要使用棘轮固定物体, 夹持物体的松紧以转动棘轮旋柄听到"咯、咯"两三声为宜。

(3) 外径千分尺用毕, 钳口处应稍留空隙, 以免热膨胀时过分紧张而损伤螺纹。

(4) 在处理数据时要注意有效数字和误差相关概念的正确使用。

【实验内容与步骤】

(1) 用游标卡尺测量圆筒的外径、内径和深度, 在不同的位置测量5次, 填入表1-1, 并写出标准表达式。

(2) 用外径千分尺测量小球的直径d, 在不同的位置测量5次, 每次测量前都要进行零点校正(即每次测量都有一个相应的零点读数), 将测量结果填入表1-2, 计算小球体积和小球体积的相对误差及绝对误差, 并写出标准表达式。

【实验数据与结果】

(1) 写出圆筒的外径、内径和深度的标准表达式。

表1-1　游标卡尺测量圆筒尺寸　　　　　　　　　　　　(单位: mm)

次数 项目	外径D	$\lvert D_i - \overline{D} \rvert$	内径d	$\lvert d_i - \overline{d} \rvert$	深度h	$\lvert h_i - \overline{h} \rvert$
1						
2						
3						
4						
5						
平均值	$\overline{D} =$		$\overline{d} =$		$\overline{h} =$	

计算A类分量 $\left(\Delta_A = \sqrt{\dfrac{\sum\limits_{i=1}^{n}\left(x_i - \overline{x}\right)^2}{n(n-1)}} \right)$

$\Delta_A(D)=$ _____ mm; $\Delta_A(d)=$ _____ mm; $\Delta_A(h)=$ _____ mm

计算B类分量 $\left(\Delta_B = \dfrac{\Delta_仪}{\sqrt{3}} \right)$

$\Delta_B(D)=$ _____ mm; $\Delta_B(d)=$ _____ mm; $\Delta_A(h)=$ _____ mm

合成不确定度 $\left(\Delta = \sqrt{\Delta_A^2 + \Delta_B^2} \right)$

$\Delta_D=$ _____ mm; $\Delta_d=$ _____ mm; $\Delta_h=$ _____ mm

圆筒的外径 $\quad \overline{D} \pm \Delta_D =$ _____ ± _____ mm

圆筒的内径 $\quad \overline{d} \pm \Delta_d =$ _____ ± _____ mm

圆筒的深度 $\quad \overline{h} \pm \Delta_h =$ _____ ± _____ mm

(2) 计算小球的体积和小球体积的相对不确定度、绝对不确定度,并写出标准表达式。

表1-2 外径千分尺测量小球直径 (单位: mm)

项目 次数	零点读数	测量时读数	测量值	$\left| D_i - \overline{D} \right|$
1				
2				
3				
4				
5				
平均值			$\overline{D}=$	

计算A类分量 $\Delta_A(D)=$ _____ mm

计算B类分量 $\Delta_B(D)=$ _____ mm

合成不确定度 $\Delta_D=$ _____ mm

$\overline{D} \pm \Delta_D =$ _____ ± _____ mm

按有效数字运算规则计算小球体积的近真值

$$\overline{V} = \frac{\pi}{6}\overline{D}^3 = \underline{\qquad\qquad} \text{mm}^3$$

计算小球体积的相对不确定度、绝对不确定度,并写出小球体积的标准表达式:

$\dfrac{\Delta_V}{\overline{V}} = 3\dfrac{\Delta_D}{\overline{D}} =$ _____ $\qquad \Delta_V=$ _____ mm^3

$V=$ _____ ± _____ mm^3

【思考题】

(1) 对于图1-10的零点误差,若游标尺的读数为47.4mm,物体的实际长度为多少?

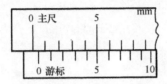 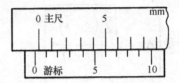

图1-10 零点误差

(2) 读出图1-11中10分度游标卡尺的读数。

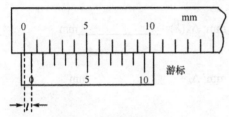 

图1-11 十分度游标卡尺   图1-12 弧游标

(3) 在许多测角仪器中，为了提高测量的精度而装置一种弧形游标，其原理与前述直线游标完全相同，如主尺上每小格为1°(60′)，把主尺上19格分成20等分刻在弧形游标上，如图1-12。在测量角度时，游标上"0"线以前的读数是"132°"，游标上第8条线与主尺某线重合，求此角度的大小(以度表示)。

(4) 一个弧游标，主尺29°(29分格)对应于游标30个分格，问这个游标的分度值是多少？读数应读到哪一位上？

(5) 试确定下列几种游标卡尺的分度值(精度)(表1-3)。

表1-3 游标卡尺的分度值

游标分格数	10	10	20	20	50
与游标分格数对应的主尺的读数/mm	9	19	19	39	49
分度值/mm					

(6) 游标卡尺的工作原理是什么？公式 $L = Ky + n\left(\dfrac{y}{m}\right) = Ky + n \cdot \Delta x$ 中各项的物理意义是什么？

(7) 50分度、20分度、10分度的游标卡尺的精度各是多少？其读数的有效数字应保留到哪一位？

(8) 应怎样握持游标卡尺？

(9) 外径千分尺的工作原理是什么？外径千分尺的最小分格是多少？

(10) 如何确定外径千分尺零点读数的正、负？

(11) 使用外径千分尺时应注意哪些问题？

(刘东华)

实验2 毛细管法液体黏滞系数的测量

【实验目的】

(1) 学会用奥氏黏度计测量液体黏滞系数的方法。

(2) 了解泊肃叶公式的应用。学会使用比较法，并了解其在实验中的应用。

【实验原理】 一切实际的液体都具有黏滞性,这表现流体在流动时,各流体层之间有摩擦力的作用,这种发生在流体内部的摩擦力称为内摩擦力。内摩擦力是由于分子之间的作用力和分子热运动而产生的。泊肃叶定律指出,不可压缩黏性流体在水平均匀、长为L的细玻璃圆管中作层流时,其流量Q与管两端的压强差ΔP= P_1-P_2之间的关系为,

$$Q = \frac{\pi R^4 \Delta P}{8\eta L} \tag{2-1}$$

式中R为管内半径。在t秒内流经管内任一截面S的液体体积为

$$V = \frac{S^2}{8\pi \eta L} \Delta P \cdot t \tag{2-2}$$

可由式(2-2)得出所在温度下的液体的黏滞系数η。测量液体黏滞系数的方法有很多,如落球法、扭摆法和圆筒转动法等,本实验则是采用毛细管法测量液体的黏滞系数。

毛细管黏滞计结构如图2-1所示,由玻璃制成的U形连通管,使用时竖直放置。一定量的被测液体由a管注入,液面约在b球中部,测量时将液体吸入c球,液面高于刻线m,让液体经de段毛细管自由向下流动,当液面经刻线m时,开始计时,液面下降至刻线n时停止计时,由m、n所划定的c球体积即为被测液体在t秒内流经毛细管的体积V。推动液体流动的ΔP=P_1-P_2,在这种情况下不再是外加压强,而是由被测液体在测量时两管的液面差所决定的。

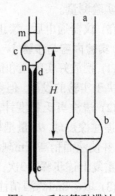

图2-1 毛细管黏滞计

$$\Delta P = P_1 - P_2 = \rho g H \tag{2-3}$$

由此可得液体的黏滞系数η

$$\eta = \frac{S^2 g H}{8\pi V L} \rho t \tag{2-4}$$

在实际测量中,毛细管的半径R、毛细管的长度L和m、n所划定的体积V都是很难准确地测量,液面差H是随液体流动的时间而改变的,不是一个固定值,从而导致所得到的η值误差较大。因此常用比较法进行测量,即用同一支黏滞计用已知黏度的液体与相同体积的待测液体通过比较来测得其黏度。一般选用蒸馏水作为已知液体,因水的黏滞系数可查表得知。将水的黏滞系数计作η_1,待测液体的黏滞系数计作η_2,使水和待测液体依靠本身的重力作用依次流过同一细管。如果通过该细管容积为V的某一段时所需时间分别为t_1和t_2,则有

$$\eta_1 = \frac{\pi R^4 g H}{8 V L} \rho_1 t_1 \tag{2-5}$$

$$\eta_2 = \frac{\pi R^4 g H}{8 V L} \rho_2 t_2 \tag{2-6}$$

由于R、V、L都是定值,如果取用两种液体的体积也是相同的,则在测量开始和测量结束时的液面差H也是相同的。因此将两式相比,可得,

$$\frac{\eta_1}{\eta_2} = \frac{\rho_1 t_1}{\rho_2 t_2} \tag{2-7}$$

即

$$\eta_2 = \eta_1 \frac{\rho_1 t_1}{\rho_2 t_2} \tag{2-8}$$

若η_1、ρ_1和ρ_2可查附录得出,则根据测得的t_1和t_2求得待测液体的黏滞系数 η_2值。

【实验器材】 毛细管法液体黏滞系数测试实验仪。

【注意事项】

(1) 奥氏黏度计在实验前后, 应清洗, 防止毛细管堵塞。

(2) 奥氏黏度计十分易碎, 做完实验后应该从恒温槽上拆下, 放在安全的地方妥善保管。

(3) 使用橡皮球吸液体时, 应该放慢速度, 防止液体流动过快使得液体流入橡皮球中, 从而影响液体的体积。

(4) 为保证被测液体的温度与恒温槽中的温度相同, 每设定一个温度时应等待3~5分钟后再进行实验测量。

(5) 仪器通电后, 禁止触摸加热棒及加热棒的电源插头/座; 以免触电、烫伤。

【实验内容与步骤】

(1) 摆放好实验仪和恒温槽, 并按照仪器上的接口名称正确接线。打开电源, 将温度设定为 T(取决于实验的设计, 但要高于室温), 恒温槽进行加热。

(2) 清洗奥氏黏度计, 用6~10ml的酒精注入黏度计的b泡中进行洗涤, 打开橡皮球的阀门, 用手捏住橡皮球, 尽量把橡皮球中的空气挤出, 关闭阀门松开手缓缓吸气, 将液体从b泡中吸入 c泡, 并使液面稍高于m刻线(注意不要吸入橡皮球中)。再次挤压橡皮球, 将液体全部压回到大管中。重复上述步骤2~3次, 将酒精压入大管中后, 倒入回收杯中。

(3) 取6~8ml的酒精注入黏度计中(对具体的体积不做要求, 但要保证两次两种液体放入的体积相同即可)。

(4) 将黏度计放入恒温槽中, 并固定保证其在竖立位置 (在恒温槽的外壁有刻线, 可以用于参照保证两次的黏度计摆放位置相同)。

(5) 用橡皮球将b泡中的酒精吸入c泡中并稍高于刻线m。

(6) 打开橡皮球的阀门, 让液面自由下降, 用计时器记录液面从刻线m下降到刻线n所用的时间(注意视线应与刻线水平)。

(7) 重复5、6两个步骤, 测量3~5个数据(按照实验内容的设计而定)。

(8) 挤压橡皮球让酒精全部压入大管中, 然后倒出。

(9) 用6~10ml的纯水, 按照步骤2的方法再次清洗黏度计。

(10) 取与之前相同体积的纯水注入黏度计中, 重复步骤4、5、6、7的方法测量纯水所需的时间。

【实验数据与结果】 将不同温度下记录酒精和纯水的时间填入表2-1中。

表2-1 毛细管液体黏滞系数时间记录表

酒精				
温度 $T(℃)$	第一次时间测量 $t(s)$	第二次时间测量 $t(s)$	第三次时间测量 $t(s)$	平均时间 $\overline{t_2}(s)$

纯水				
温度 $T(℃)$	第一次时间测量 $t(s)$	第二次时间测量 $t(s)$	第三次时间测量 $t(s)$	平均时间 $\overline{t_1}(s)$

由表2-2查出纯水的密度 ρ_1 和黏滞系数 η_1 值, 由表2-3查出酒精的密度 ρ_2 值。用式(2-8)求出酒精在不同温度 T 下的黏滞系数 η_2 , 并计算绝对误差和相对误差。

表2-2 纯水在各种温度下的黏滞系数 η_1 和密度 ρ_1 值

温度 $T(℃)$	黏滞系数 $\eta_1 (10^{-7}Pa \cdot s)$	密度 $\rho_1 (kg \cdot m^{-3})$	温度 $T(℃)$	黏滞系数 $\eta_1 (10^{-7}Pa \cdot s)$	密度 $\rho_1 (kg \cdot m^{-3})$
21	9810	998.02	31	7840	995.37
22	9579	997.80	32	7679	995.05
23	9358	997.56	33	7523	994.73
24	9142	997.32	34	7371	994.40
25	8937	997.07	35	7225	994.06
26	8737	996.81	36	7085	993.71
27	8545	996.54	37	6947	993.36
28	8360	996.26	38	6814	992.99
29	8180	995.97	39	6685	992.62
30	8007	995.67	40	6560	992.24

表2-3 酒精在各种温度下的黏滞系数 η_2 和密度 ρ_2 值

温度 $T(℃)$	黏滞系数 $\eta_2 (10^{-7}Pa \cdot s)$	密度 $\rho_2 (kg \cdot m^{-3})$	温度 $T(℃)$	黏滞系数 $\eta_2 (10^{-7}Pa \cdot s)$	密度 $\rho_2 (kg \cdot m^{-3})$
21	11684	788.60	31	9708	780.12
22	11463	787.75	32	9536	779.27
23	11249	786.91	33	9368	778.41
24	11039	786.06	34	9204	777.56
25	10835	785.22	35	9044	776.71
26	10635	784.37	36	8888	775.85
27	10441	783.52	37	8735	775.00
28	10251	782.67	38	8586	774.14
29	10066	781.82	39	8440	773.29
30	9885	780.97	40	8298	772.43

【思考题】

(1) 测量液体的黏滞系数还有什么方法? 比较一下各种方法的优劣。

(2) 什么是比较法? 在什么情况下可以使用比较法? 在其他的实验中是否有应用?

(3) 在实验中有什么要注意的吗? 哪些操作会引起实验的误差, 如何减小误差?

(张 凡)

实验3 液体表面张力系数的测量

【实验目的】

(1) 用砝码对硅压阻力敏传感器进行定标, 学习传感器的定标方法。

(2) 观察拉脱法测液体表面张力的物理过程和物理现象。

(3) 测量纯水和其他液体的表面张力系数。

【实验原理】 一个金属环固定在传感器上, 将该环浸没于液体中, 并渐渐拉起圆环, 当它从液面拉脱瞬间传感器受到的拉力差值f为

$$f = mg = \pi(D_1 + D_2)\alpha \tag{3-1}$$

式中D_1、D_2分别为圆环外径和内径, α为液体表面张力系数, g为重力加速度, 所以液体表面张力系数为

$$\alpha = f / \left[\pi(D_1 + D_2)\right] \tag{3-2}$$

实验中, 液体表面张力可以由下式得到

$$f = (U_1 - U_2)/B \tag{3-3}$$

B为力敏传感器灵敏度, 单位$V \cdot N^{-1}$。U_1、U_2分别为即将拉断水柱时数字电压表读数以及拉断时数字电压表的读数。

图3-1 液体表面张力系数测量实验仪装置

【实验器材描述】 液体表面张力系数测量实验仪以及实验调节装置组成, 如图3-1所示。

【注意事项】

(1) 实验前, 吊环须严格处理干净: 可用NaOH溶液洗净油污或杂质后, 用纯水冲洗干净, 并用热吹风烘干。

(2) 仪器开机需预热15分钟。

(3) 力敏传感器使用时用力不宜大于0.098N, 以免损坏传感器; 不可被重物挤压, 防止变形。吊环上的细线不可以用强力拉扯, 防止拉断。

(4) 特别注意手指不要接触被测液体。打气速度不可过快, 使液面缓慢上升, 否则液面容易接触测试环支撑面, 支撑面沾上液体容易产生测量误差。

(5) 用砝码进行定标时, 可以旋转肌张力传感器至水容器外面, 这样取放砝码比较方便。

(6) 实验结束须将吊环用清洁纸擦干, 用清洁纸包好, 放入干燥缸内。

【实验内容与步骤】

(1) 插上硅压阻力敏传感器, 并开机预热15~20分钟。同时, 可以清洗方形器皿和吊环。

(2) 将待测液体倒入方形器皿后, 将器皿放入实验圆筒内。

(3) 将砝码盘挂在力敏传感器的钩上。若整机已预热15分钟以上, 可对力敏传感器定标, 定标时可以将力敏传感器转至水容器外部, 这样取放砝码比较方便。在加砝码前应首先对仪器调零, 安放砝码时应尽量轻。

(4) 测定吊环的内外直径, 挂上吊环, 在测定液体表面张力系数过程中, 可观察到液体产生的浮力与张力的现象, 反复挤压橡皮球使外部液体液面上升, 当环下沿部分均浸入待测液体中时, 松开橡皮球的阀门, 这时液面往下降, 观察环浸入液体中及从液体中拉起时的物理过程和现象。特别应注意吊环即将拉断液柱前一瞬间数字电压表读数值为U_1, 拉断时瞬间数字电压表读数为U_2。记下这两个数值。

(5) 用计算机采集时, 在环接触液面开始下降时点开始采集按钮, 可以通过软件实时采集传感器输出电压值的变化过程, 通过鼠标移动测量拉脱瞬间的电压值以及拉断后的电压值, 计算测量液体的表面张力。

【实验数据与结果】

1. 硅压阻力敏传感器定标 力敏传感器上分别加各种质量砝码, 测出相应的电压输出值,

填入表3-1中。

表3-1　力敏传感器定标

物体质量m(g)	0.500	1.000	1.500	2.000	2.500	3.000	3.500
输出电压U(mV)							

用最小二乘法得出仪器的灵敏度B值。

2. 水和其他液体表面张力系数的测量　用游标卡尺测量金属圆环：外径D_1=3.500cm,内径D_2=3.334cm。

(1) 纯水的表面张力系数测量：调节上升架,记录环在即将拉断水柱时数字电压表读数U_1,拉断时数字电压表的读数U_2,将测量结果填入表3-2中。

表3-2　纯水的表面张力系数测量 (水的温度T=　　℃)

测量次数	U_1(mV)	U_2(mV)	ΔU(mV)	f(×10^{-3}N)	α(×10^{-3}N·m^{-1})
1					
2					
3					
4					
5					
6					

求出在此温度下水的表面张力系数的平均值。

再根据附录中在此温度下水的表面张力系数值, 求出百分误差。

(2) 乙醇的表面张力系数测量: 同上, 将乙醇的测量结果填入表3-3中。

表3-3　乙醇的表面张力系数测量(乙醇的温度T=　　℃)

测量次数	U_1(mV)	U_2(mV)	ΔU(mV)	f(×10^{-3}N)	α(×10^{-3}N·m^{-1})
1					
2					
3					
4					
5					
6					

求出在此温度下乙醇的表面张力系数的平均值。

(3)甘油的表面张力系数测量：同上, 将甘油的测量结果填入表3-4中。

表3-4　甘油(丙三醇)的表面张力系数测量(甘油的温度T=　　℃)

测量次数	U_1(mV)	U_2(mV)	ΔU(mV)	f(×10^{-3}N)	α(×10^{-3}N·m^{-1})
1					
2					
3					
4					
5					
6					

求出在此温度下甘油的表面张力系数的平均值。

【附录】　不同温度下纯水的表面张力系数对照表, 见表3-5。

表3-5　不同温度下纯水的表面张力系数对照表

温度T (℃)	张力系数α (×10⁻³ N·m⁻¹)	温度T (℃)	张力系数α (×10⁻³ N·m⁻¹)	温度T (℃)	张力系数α (×10⁻³ N·m⁻¹)
0	75.62	16	73.34	30	71.15
5	74.90	17	73.20	40	69.55
6	74.76	18	73.05	50	67.90
8	74.48	19	72.89	60	66.17
10	74.20	20	72.75	70	64.41
11	74.07	21	72.60	80	62.60
12	73.92	22	72.44	90	60.74
13	73.78	23	72.28	100	58.84
14	73.64	24	72.12		
15	73.48	25	71.96		

（富　丹）

实验4　万用电表的使用

【实验目的】

(1) 了解万用电表的构造原理。

(2) 掌握用万用电表测量电阻、交直流电压和直流电流的方法。

【实验原理】　万用电表是一种用来测量电阻、交直流电压和直流电流等多种电量的综合性电工仪表。它的种类很多，但其基本原理相同，它是建立在欧姆定律和电阻串并联电路以及整流电路的基础上的。

【实验器材描述】　万用电表、线路板、交直流电源。

万用电表由灵敏电流计(表头)、线路、转换开关和刻度盘四部分组成。表头为灵敏度高、准确度较好的磁电式微安表，它的作用是把不直观的电流转变为直观的指针偏转角度显示。它内部有一个可动线圈，可动线圈的电阻称为表头内阻。电流通过可动线圈时，通电线圈在永久磁铁所建立的磁场中受到磁场力的作用而发生偏转，带动指针转动以显示偏转角度，所偏转的角度正比于通过它的电流。当指针指示满刻度时，通过线圈中的电流称为表头的灵敏度。满刻度偏转电流越小，表头灵敏度越高，表头内阻越大。常用表头的灵敏度为几十微安至几百微安，表头内阻一般为几百欧至几千欧。

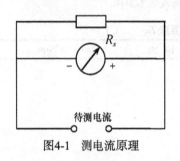

图4-1　测电流原理

对于每一种电量的测量，在万用电表里都有相应的电路，它把被测量转换为表头所能接受的电流量，依据表头指针的偏转角度大小，确定被测量的数值。

1. 直流电流挡　由于表头的灵敏度很高而量程很小，仅用表头的满刻度值不能满足实际测量需要。通常用一个电阻R_s与表头相并联如图4-1所示，对表头电流进行分流，被测电流越大，流过表头的电流也越大，它们成正比变化，故可由指针指示出待测电流。电阻R_s

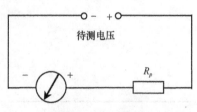

图4-2　测电压原理

不同，可得到电流挡的不同量程。

2. 直流电压挡 用一个电阻R_p与表头相串联，即构成直流电压挡如图4-2所示。待测电压加在电表输入端，电表中即产生电流。电流与电压成正比变化，可把刻度刻成相应的电压刻度，故电流表可指示出电压值。改变R_p可得到直流电压的不同量程。

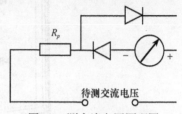

3. 交流电压挡 图4-3是测量交流电压的原理图。它与直流电压挡的区别仅在于表头电路中加装了一个整流器。当有交流电流进入电表时，流过表头的电流仍然是直流。这样使原来的直流电压表变为一个交流电表。

图4-3 测交流电压原理图

4. 电阻挡 测电阻的原理如图4-4所示。电表内部有电池与电流表串联，R_g为表头内阻，R为调零电阻。当被测电阻接入电路时，根据全电路欧姆定律，通过表头的电流为：

$$I_g = \frac{E}{R_x + R + \dfrac{R_i R_g}{R_i + R_g}} \cdot \frac{R_i}{R_i + R_g}$$

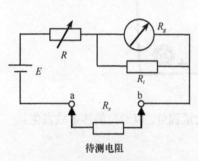

图4-4 测电阻原理图

适当选取R_i，当：

(1) $R_x=0$，即a、b间短路时，回路电流最大，表指针应当满偏，此时电阻刻度为0。

(2) $R_x=\infty$，即a、b间开路时，回路电流为0，表针不动，此时电阻刻度为∞。

在E、R、R_i、R_g均不变的情况下，I_g的数值取决于R_x；反过来由I_g的大小可知R_x的值。按照I_g与R_x间的固定关系，在刻度盘上进行刻度就能直接读出被测电阻值。因I_g与R_x不是线性关系，故电阻挡的刻度是不均匀的。

图4-5是万用电表的面板图。"Ω"挡为测量电阻用，测量所得值应为刻度数乘以量程数。其他各挡的量程数均为刻度盘的满刻度数。"Ω"为电阻挡调零电位器。

表盘上共有四条刻线，第一条刻线为电阻读数用；第二条刻线为除交流10 V以外的各电压、电流挡读数用；第三条刻线专为交流10 V读数所设。第四条刻线是以分贝为单位进行电量测试的，本实验略。

【注意事项】

(1) 使用万用表时，首先要使电表平放，当指针与反光镜中指针的像重合时，指针应停在表盘左端"0"位处。否则要用小螺丝刀旋转"指针零位调节器"，使指针指向"0"位，然后把红、黑表笔分别插入面板上标有"+"和"−"的插孔中，即可进行各种项目的测量。

(2) 测量电阻时，被测电路不能带电；测电流时不能将电表的表笔直接接在电源的两端。

(3) 当被测电路中的电压和电流的数值无法估计时，应将万用电表的量程拨至最大量程。测量时用瞬时点接法试验，根据指针偏转大小选择适当量程。

(4) 使用量程选择旋钮选择项目和转换量程时，表笔要离开被测电路。在每次测量前必须认真检查量程选择旋钮是否在合适位置，不得搞错。牢记：

一挡二程三正负，正确接入再读数。

调换量程断开笔，切断电源测电阻。

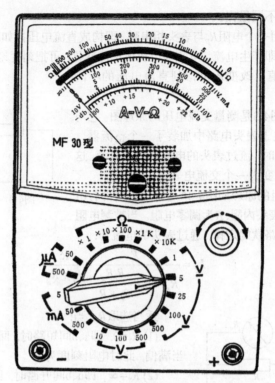

图4-5　万用表面板图

(5) 测量结束后, 应将电表选择旋钮拨至交流电压最大量程处, 以避免偶然事故发生。

【实验内容与步骤】

1. 交流电压的测量

(1) 将万用电表量程选择开关拨至 $\underline{V}$ 挡、500 $\underline{V}$ 量程, 直接测量市电。

(2) 将所测结果及所用量程记入测量记录表中。

2. 电阻的测量

(1) 测量电阻时首先将万用电表量程选择开关拨至"Ω"挡范围内某量程上, 两表笔短接形成短路, 指针向满刻度偏转, 调节旋钮"Ω", 使指针指在零欧姆刻度上。

(2) 取如图4-6所示的被测线路板, 将被测电阻接到万用电表两表笔之间, 观察指针摆动(为了提高测量结果的精度, 指针尽可能指示在全刻度的20% ~ 80%)。

(3) 从"Ω"刻度线上读出指针所指刻度, 刻度数乘以量程数即为所测电阻值。

(4) 用同样方法测出图4-6中各电阻的电阻值填入表中(注意: 每换一次量程必须先调零)。

3. 直流电压的测量

(1) 将直流电源按左正右负接到图4-6中的A、E两端, 电路中即有电流通过。

(2) 万用电表选择开关拨至"$\underline{V}$"挡, 选择适当量程测AB、BC、CD、DE及AE间的直流电压值。表笔须按左红右黑接入测试电路。

(3) 将测量结果及所用量程记入表4-1中。

4. 直流电流的测量

(1) 将直流电源按左正右负接到F、J两端。用双插头线将F、G连接起来。

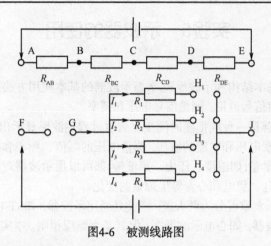

图4-6　被测线路图

(2) 将万用电表的选择开关拨至"mA"的最大挡, 分别试接入H_1J、H_2J、H_3J和H_4J各端, 测得流经FGH_1J、FGH_2J、FGH_3J和FGH_4J各支路电流, 如指针摆动过小可更换量程。

(3) 拔下FG连接插头, 将H_1J、H_2J、H_3J和H_4J各分别连接, 在FG两端测得FJ总电路的电流值。表笔仍需按左红右黑接入电路。

(4) 将所测数值和所用量程填入表4-2中。

【实验数据与结果】 结果见表4-1, 表4-2。

表4-1　电阻电压数据记录表

项目 \ 物理量 \ 数值	电阻(Ω)		电压(V)	
	使用量程	电阻值	使用量程	电压值
AB间				
BC间				
CD间				
DE间				
AE间				

表4-2　电阻电流数据记录表

项目 \ 物理量 \ 数值	电阻(Ω)		电流(mA)	
	使用量程	电阻值	使用量程	电流值
FGH$_1$J支路				
FGH$_2$J支路				
FGH$_3$J支路				
FGH$_4$J支路				
FJ总电路				

【思考题】
(1) 通过本实验验证了些什么?
(2) 万用电表由哪几部分组成?
(3) 万用电表进行各种测量的基本原理是什么?
(4) 万用电表测电阻、交直流电压和电流的基本方法是什么?
(5) 使用万用电表时应注意哪些问题?

(周志尊)

实验5　示波器的使用

【实验目的】

(1) 了解示波器的基本结构和示波原理,掌握示波器的基本使用方法。

(2) 利用示波器观察信号波形, 测量信号电压和频率。

【实验原理】 示波器是一种能把随时间变化的电过程用波形显示出来的电子仪器, 应用范围非常广泛。用它可观察电压和电流的波形, 测量电压的幅值、频率和位相。凡能转换成电压和电流的电学量或非电学量(如温度、压力、声波等)都可以用示波器观察和测量。在医学上常用示波器观察心电、脑电、肌电和心音等生理量的变化。

示波器的种类很多, 大致可分为两大类: 一类是通用示波器, 如ST-16B型、SB-10型、SB-14型等; 另一类是专用示波器, 如心电示波器等。但其基本原理相同。本实验仅对通用示波器作简要介绍。

示波器由示波管系统、垂直放大器(Y轴放大)、水平放大器(X轴放大)、扫描发生器、触发同步和直流电源等几部分组成, 其结构原理如图5-1所示。

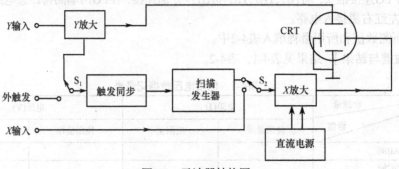

图5-1　示波器结构图

1. **示波管**　示波管是示波器的核心部分, 如图5-2所示, 它由抽成真空的玻璃管与在其内部的电子枪、偏转系统和荧光屏等部分组成。

(1) 荧光屏: 是一块垂直于管轴的扁平球面, 内面涂有荧光物质, 是显示波形的屏幕。当高速运动的电子束打在荧光屏上某点时, 该点就发光。单位时间内打到屏上的电子数越多, 则光越强。由于荧光材料不同, 产生的荧光颜色和余辉时间也不同。一般荧光屏发绿色光供观察用, 发蓝色光供摄影用。所谓余辉时间就是指电子束停止轰击后光点在屏幕上残留的时间。按余辉时间的长短, 示波管可分为长余辉(100ms~1s)、中余辉(10~100ms)、短余辉(10μs~10ms)等不同规格。如ST-16型、SB-10型均使用中余辉示波管, 慢扫描示波器则使用长余辉示波管。医学上常使用慢扫描长余辉示波管, 因为生物信号一般频率较低。

(2) 电子枪: 电子枪是由灯丝H、阴极K、栅极G和若干阳极组成的。用低压加热灯丝, 使阴极发出电子, 在阳极加速下射出电子束, 射向荧光屏。栅极电压低于阴极电压, 调节栅极电压可以控制发射的电子流密度。在面板上的"辉度"旋钮就是用来调节栅压的电位器。第二阳极电压高于第一阳极电压。阳极间的不均匀电场所形成的"静电电子透镜", 使电子流聚焦成极细的电子束。面板上的"聚焦"和"辅助聚焦"旋钮就是用来调节第一、第二阳极电压的电位器。

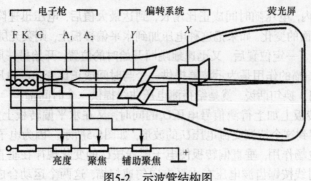

图5-2 示波管结构图

(3) 偏转系统: 偏转系统有两对互相垂直的偏转板组成, 一对为垂直(Y轴)偏转板, 一对为水平(X轴)偏转板。当两对偏转板上都不加电压时, 电子束将沿示波管的轴线直射到屏中央, 在荧光屏幕中央出现亮点。如果仅在垂直(或水平)偏转板上加直流电压, 电子束将由于电场力的作用而发生垂直(或水平)偏移。理论分析指出: 在一定范围内, 加在垂直偏转板上的电压(U_y), 与荧光屏上光点在垂直方向偏转的距离(y)成正比, 其比例系数为垂直偏转灵敏度, 一般用偏转单位距离(cm)所需的偏转电压(U)来表示, 其值为10~20V·cm^{-1}。同样, 水平偏转板也有水平偏转灵敏度。当两对偏转板上同时加上直流电压时, 电子束将按电场合力的方向偏移, 并通过荧光屏上的光点偏移显示出来, 如图5-3所示。因此, 只要在两对偏转板上加不同极性、不同大小的直流电压, 光点就能显示在屏幕上不同的位置。面板上的"Y轴位移"和"X轴位移"旋钮就是分别调节Y轴和X轴偏转电压的电位器。

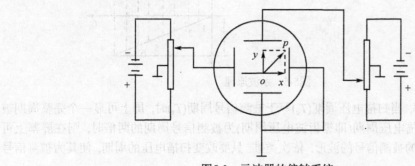

图5-3 示波器的偏转系统

2. 锯齿波发生器和示波原理(扫描和示波原理) 若仅将待测交变信号加在垂直偏转板上, 水平偏转板上不加任何信号, 则荧光屏上的光点仅在垂直方向作直线运动, 当交变信号频率超过十几赫兹时, 由于人眼的视觉暂留和荧光物质的余辉效应, 屏上将出现一条垂直亮线。为了描绘出待测信号的电压波形, 必须在水平偏转板上加一扫描电压。扫描电压是由扫描电路提供的。理想的扫描电压是锯齿形的, 因此, 扫描电压也称为锯齿波电压。扫描电路也称为锯齿波发生器。扫描电压与时间的关系如图5-4所示。

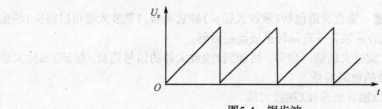

图5-4 锯齿波

在每一个周期T内，电压随时间成正比增长，到达最大值后，电压迅速降为零，以后又开始下一个周期，重复上面的变化。如果把这种电压加到水平偏转板上，则荧光屏上的光点将在水平方向匀速地移动。到了一定位置后，又迅速地跳回开始时的位置，开始另一周期的匀速移动，如此反复，称为扫描。扫描的作用是为示波器提供一个与时间成正比变化的电压，使光点在水平方向的位移正比于时间。换句话说，就是给待测电压曲线提供一个时间轴。

如果在垂直偏转板上加上待测信号电压U_y的同时，又在水平偏转板上加上锯齿波电压U_x，则可在荧光屏上观察到这个待测交流电压U_y的波形，如图5-5所示。因为电子射线同时受到两对偏转板所加电压的电场作用，垂直偏转板使电子射线按U_y的变化规律在垂直方向上下偏转，而水平偏转板使电子射线按锯齿波电压在水平方向匀速扫描，这两个运动合成的结果，使光点在荧光屏上形成了一个待测电压U_y的波形。

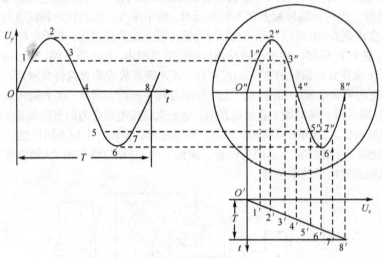

图5-5　示波原理

从图5-5不难理解，当扫描电压周期(T_c)等于被测信号周期(T_s)时，屏上可显一个完整周期被测信号的波形，当扫描电压周期(即锯齿波电压周期)为被测信号周期的两倍时，则在屏幕上可显示出两个完整周期的被测信号的波形，依次类推。只要改变扫描电压的周期，使其为被测信号周期的n倍，即

$$\frac{T_c}{T_s} = \frac{f_s}{f_c} = n \qquad n=1, 2, 3, \cdots \tag{5-1}$$

就可以从屏上看到n个完整周期的被测信号的波形。如果不满足上述条件，则屏上的波形就要向左或向右移动，就不能显示出稳定的波形。

扫描电压频率决定于扫描电路中的电阻R和电容C，改变C(频率粗调)和R(频率细调)，就可以使扫描电压频率f_c为待测电压频率f_s的$1/n$。从而在荧光屏上可观察到稳定的待测电压的波形曲线。

3. 垂直通道和水平通道　垂直通道包括Y轴放大器和Y轴衰减器。Y轴放大器可以将由Y轴输入的微弱信号放大，使其适合示波管垂直偏转灵敏度的需要。

Y轴衰减器的作用是衰减过大的输入信号，使加到Y轴放大器的信号适当，保证Y轴放大器不失真地放大各种不同幅值的被测信号。

同理，水平通道也包括X轴衰减器和X轴放大器。

4. 整步(或同步)　前已讲过，要使荧光屏上出现被测信号的稳定波形，应满足式(5-1)要求。

但是由于被测信号和扫描电压来自不同的信号源，整数关系不可能长时间地保持相对稳定性。因此，在示波器扫描电路中就需要引入一个可以调节的电压来迫使(控制)扫描电压的周期与信号周期保持整数倍关系，满足这种作用的电路称为整步电路或同步电路。同步信号可以取自待测信号，称为"内同步"；也可取自外加的其他信号去控制扫描电压，称为"外同步"；或者取市电交流电压作同步信号，控制扫描电压频率。

5. 电源 示波器的各个部分，不论示波管、扫描电路和放大器部分都需要电源。电源是由变压器、整流、滤波和稳压等几部分组成的。由电源电路分别供给示波管灯丝低压和各级直流电压放大器和扫描电路的直流工作电压。

6. ST-16B型示波器面板图 仪器如图5-6所示，面板上控制件的作用见表5-1，结合仪器熟悉面板上各旋钮的作用。

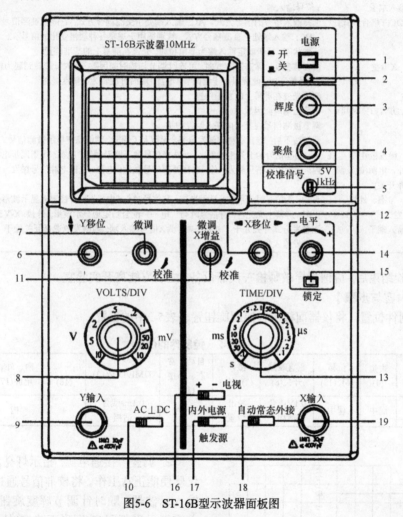

图5-6 ST-16B型示波器面板图

【**实验器材**】 示波器、信号发生器、直流电源。

【**注意事项**】

(1) 要按操作规程进行操作，不得随意扳动旋钮。

(2) 荧光屏上静止的光点或曲线不能过强或长时间停留，以免损坏荧光屏。

(3) 在操作过程中如出现故障或异常现象(如冒烟闪光、异常气味等)，应立即关掉电源并报告指导教师。

表5-1　控制件的作用

序号	控制件名称	功能
1	电源开关	接通或关闭电源
2	电源指示灯	电源接通时灯亮
3	辉度	调节光迹亮度, 顺时针方向转动光迹增亮
4	聚焦	调整光迹清晰度
5	校准信号	输出频率为1kHz, 幅度为0.5V的方波信号, 用于校正10:1探极, 以及示波器的垂直和水平偏转因素
6	Y移位	调节屏幕上光点或信号波形垂直方向的位置
7	微调	连续调节垂直偏转因素, 顺时针旋转到底为校准位置
8	Y衰减开关	调节垂直偏转因素
9	信号输入端子	Y信号输入端
10	AC⊥DC(Y耦合方式)	选择输入信号的耦合方式。AC: 输入端处于交流耦合方式, 它隔断被测信号中的直流分量。DC: 输入端处于直流耦合方式, 特别适用于观察各种缓慢变化的信号; ⊥: 输入端处于接地状态, 便于确定输入端为零电位时, 光迹在屏幕上的基准位置
11	微调、X增益	当在"自动、常态"方式时, 可连续调节扫描时间因数, 顺时针旋转到底为校准位置; 当在"外接"时, 此旋钮可连续调节X增益, 顺时针旋转为灵敏度提高
12	X移位	调节光迹在屏幕上的水平位置
13	TIME/DIV(扫描时间)	调节扫描时间因数
14	电平	调节被测信号在某一电平上触发扫描
15	锁定	此键按下后, 能自动锁定触发电平, 无需人工调节, 就能稳定显示被测信号
16	+、-(触发极性)、电视	+: 选择信号的上升沿触发; -: 选择信号的下降沿触发; 电视: 用于同步电视场信号
17	内、外、电源(触发源选择开关)	内: 选择内部信号触发; 外: 选择外部信号触发; 电源: 选择电源信号触发
18	自动、常态、外接(触发方式)	自动: 无信号时, 屏幕上显示光迹, 有信号时与"电平"配合稳定地显示波形; 常态: 无信号时, 屏幕上无光迹, 有信号时与"电平"配合稳定地显示波形; 外接:X-Y工作方式
19	信号输入端子	当触发方式开关处于"外接"时, 为X信号输入端; 当触发源选择开关处于"外"时, 为外触发输入端

(4) 实验结束后, 应请指导教师检查仪器设备, 之后方能离开实验室。

【实验内容与步骤】

1. 控制件位置　将仪器面板上各控制旋钮置于表5-2中的位置。

表5-2　控制件的位置

控制件名称	辉度(3)	聚焦(4)	位移(6)、(12)	垂直衰减开关(8)	微调(7)、(11)	自动、常态、外接(18)	TIME/DIV(13)	+、-(16)	内、外、电源(17)	AC⊥DC(10)
作用位置	居中	居中	居中	0.1V或合适挡	校准位置	自动	0.1ms或合适挡	+	内	DC

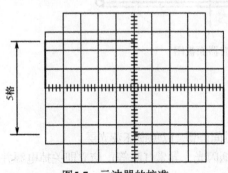

图5-7　示波器的校准

2. 调整　接通电源, 指示灯亮。稍停片刻, 仪器便能正常工作。将校准信号通过10:1探头输入示波器, 顺时针调节辉度旋钮, 此时屏幕上应显示出不同步(图形不稳定)的标准方波信号。调节触发电平位置, 至方波波形得到同步, 然后将方波波形移至屏幕中间。如仪器性能正常, 则屏幕显示的方波垂直幅度为5格, 方波周期在水平轴上的宽度为10格, 如图5-7所示。否则应调节增益校准和扫描校准。

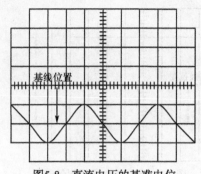
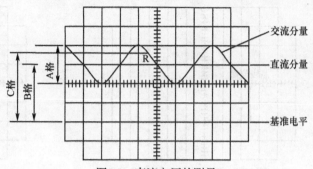

图5-8　直流电压的基准电位　　　　　　　图5-9　直流电压的测量

3. 直流电压的测量

(1) 测量交流信号中的直流分量: 首先应确定一个相对的参考基准电位。一般情况下的基准电位直接采用仪器的地电位, 其测量步骤如下:

1) 垂直输入耦合选择开关置于"⊥", 屏幕上出现一条扫描基线; 并按被侧信号的幅值和频率将"V/div" 挡级和"t/div"扫描速度开关置于适当位置, 然后调节Y移位。使扫描基线位于图5-8所示的某一特定基准位置(0V)。

2) 将垂直输入耦合选择开关改置于"DC"位置, 并将直流电源信号经10∶1衰减探头(或直接)接入仪器的Y轴输入插座, 调节"V/div"至适当位置。然后调节触发"电平", 使信号波形稳定, 如图5-9所示。

3) 根据屏幕坐标刻度, 分别读出显示信号波形的交流分量(峰-峰)为A格, 直流分量为B格以及被测信号某待定点R与参考基线间的瞬时电压值为C格。若仪器V/div挡级的标称值为0.2V/格, 同时Y轴输入端使用了10∶1衰减探头, 则被测信号的各电压值分别为:

$$被测信号交流分量: U_{P-P} = 0.2V/格 \times A格 \times 10 = 2A(V)$$

$$被测信号直流分量: U = 0.2V/格 \times B格 \times 10 = 2B(V)$$

$$被测信号R点瞬时值: U_R = 0.2V/格 \times C格 \times 10 = 2C(V)$$

(2) 测量干电池电压: 首先应确定一个相对的参考基准电位。一般情况下的基准电位直接采用仪器的地电位, 其测量步骤如下:

1) 垂直输入耦合选择开关置于"⊥", 屏幕上出现一条扫描基线, 然后调节Y移位。使扫描基线位于图5-10所示的某一特定基准位置(0V)。

2) 将垂直输入耦合选择开关置于"DC"位置, 并将直流电源信号经10∶1衰减探头(或直接)接入仪器的Y轴输入插座, 调节"V/div"至适当位置。读出亮线到刚才所定的扫描基线的格数B, 则被测直流电压为$U = (\quad) V/格 \times B格 \times 10$, 如图5-11所示。

4. 交流电压的测量

(1) 将垂直输入耦合选择开关置于"AC", 根据被测信号的幅值和频率将"V/div" 挡级开关和"t/div"扫描速度开关置于适当位置。将低频信号发生器输出的信号通过10∶1衰减探头(或直接)输入Y轴的输入端, 调节触发电平, 使波形稳定, 如图5-12所示。

(2) 根据屏幕上坐标刻度, 读出被测信号的峰-峰值为D格。如仪器"V/div" 挡级标称值为0.1 V/格, 且 Y轴输入端使用了10∶1探头, 则被测信号的峰-峰值应为:

$$U_{P-P} = 0.1V/格 \times D格 \times 10 = D(V)$$

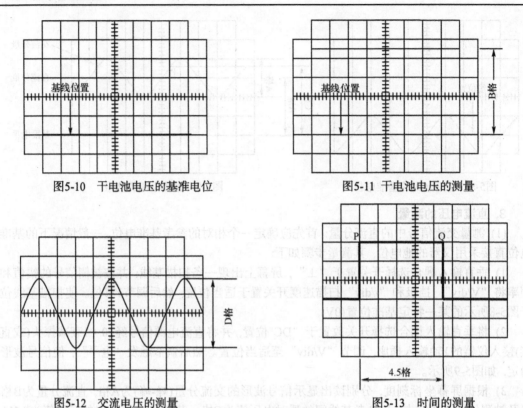

图5-10 干电池电压的基准电位   图5-11 干电池电压的测量

图5-12 交流电压的测量   图5-13 时间的测量

5. 时间测量 当仪器对时基扫描速度"*t*/div"校准后,即可对被测信号波形上任意两点的时间参数进行定量测量,其步骤如下:

(1) 按被测信号重复频率或被测信号的两特定点P与Q的时间间隔,选择适当的"*t*/div"扫描速度挡级,使两特定点的距离在屏幕上尽可能达到较大的限度,以便提高测量精度,如图5-13所示。

(2) 根据屏幕上坐标的刻度,读出被测量信号两特定点P与Q间的距离为D格,如"*t*/div"扫描速度开关挡级的标称值为2ms/格,D = 4.5格,则P、Q两点的时间间隔为:

$$t = 2\text{ms/格} \times 4.5\text{格} = 9.0\text{ms}$$

6. 频率测量 对具有周期性变化的频率的测量,一般可按"时间测量"的步骤测出信号的周期,并取其倒数算出频率值。本实验所用信号均为标准波形,将所得结果填入表5-3中。

另外,借助于已知频率的信号发生器,利用李萨如图形方法也可以测出信号的频率。

7. 观察波形

(1) 将垂直输入耦合转换开关"AC⊥DC"置于"⊥",将"V/div"开关和"*t*/div"开关置于适当位置(挡级),使屏幕上出现一条扫描基线。调节Y移位和X移位使扫描基线位于中间位置。

(2) 将"AC⊥DC"置于"AC"位置,把交流信号(由低频信号发生器提供)通过10:1衰减探头输入Y轴。把"V/div"和"*t*/div"开关置于适当的位置,使屏幕上出现适当幅度的具有3~5个周期的交流电压波形,调节"触发电平",使波形稳定。观察此波形并绘出波形图。

【实验数据与结果】

(1) 被观察信号的波形。

(2) 被测直流电压值。

表5-3　测干电池电压

V/格	格	U(V)

(3) 被测信号电压、频率(表5-4)。

表5-4　交流电压的测量

V/格	U_{P-P}		$U_{有效}$	t/格	T		f(Hz)
	格	V	$=\dfrac{U_{p-p}}{2\sqrt{2}}$		格	s	
交流电压							

【思考题】

(1) 为什么荧光屏上的光点不能太亮而且不能长时间停留在一点？

(2) 测量电压和时间时，哪几个旋钮在测量过程中不能旋动？为什么？

(3) 示波管由哪几部分组成？

(4) 示波器由哪几部分组成？

(5) 了解示波原理。

(6) 预习直流电压(指干电池电压)的测量方法及交流信号的测量方法。

(7) 实验中应注意哪些问题？

【附录】 双踪示波器简介：双踪示波器是可以同时观察两个电信号的示波器。下面仅就YB4324型双踪示波器的面板做一些简单介绍。图5-14是YB4324型双踪示波器的面板图。

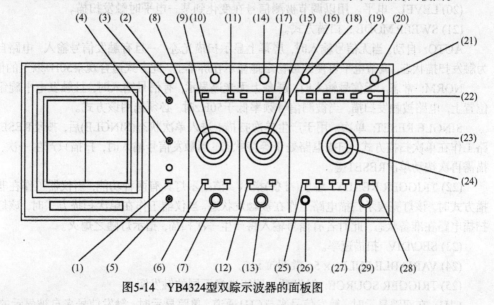

图5-14　YB4324型双踪示波器的面板图

(1) POWER:电源开关。

(2) INTENSITY: 亮度。

(3) FOCUS: 聚焦。

(4) TRACE ROTATION: 光迹旋转。调节光迹与水平线平行。

(5) PROBE ADJUST: 标准信号。此端口输出幅度为0.5V频率为1kHz的方波信号，用以校准

Y轴偏转因数和扫描时间因数。

(6) AC GND DC:耦合方式。AC用以观察交流信号,DC用以观察直流或频率较低信号,GND为输入端接地。

(7) CH1 OR X:通道1输入插座。常规使用时,此端口作为垂直通道1的输入口,当仪器工作在X-Y方式时此端口作为水平轴信号输入口。

(8) VOLTS/DIV:通道1灵敏度选择开关。

(9) VARIABLE PULL × 5: 微调拉 × 5。

(10) POSITION:垂直移位。

(11) MODE:垂直方式。选择垂直移位系统的工作方式。

CH1: 只显示CH1通道的信号。

CH2: 只显示CH2通道的信号。

DUAL:CH1、CH2分别显示。

ADD: 用于显示CH1、CH2相加的结果。

CHOP: 适合于扫描速率较慢时同时观察两路信号。

ALT: 用于同时观察两路信号,此时两路信号交替显示,该方式适合于扫描速度较快时同时观察两路信号。

(12)、(13)、(14)、(15)、(16)用于CH2通道,其作用分别与(6)、(7)、(8)、(9)、(10)相同。

(17) CH2:CH2信号极性。此键未按入时,CH2的信号为常态显示,按入此键时,CH2的信号被反相。

(18) POSITION : 水平移位。

(19) SLOPE: 扫描极性。

(20) LEVEL: 电平。用以调节被测信号在变化到某一电平时触发扫描。

(21) SWEEP MODE : 扫描方式。

AUTO: 自动。当无信号输入时,屏幕上显示扫描光迹,一旦有触发信号输入,电路自动转换为触发扫描状态,调节电平可使波形稳定地显示在屏幕上,此方式适合观察50Hz以上的信号。

NORM: 常态。无信号输入时,屏幕上无光迹显示,有信号输入时,且触发电平旋钮在合适位置上,电路被触发扫描,当被测信号频率低于50Hz时,必须选用该方式。

SINGLE RESET: 单次。用于产生单次扫描。进入单次状态(SINGLE)后,按动RESET键,电路工作在单次扫描方式,扫描电路处于等待状态,当触发信号输入时,扫描只产生一次,下次扫描需再次按动单次RESET键。

(22) TRIGGER READY: 触发(准备)指示。该指示灯具有两种功能,当仪器工作在非单次扫描方式时,该灯亮表示扫描电路工作在被触发状态。当仪器工作在单次扫描方式时,该灯亮表示扫描电路在准备状态,此时若有信号输入将产生一次扫描,指示灯随之熄灭。

(23) SEC/DIV: 扫描速率。

(24) VARIABLE PULL × 5: 微调拉 × 5。

(25) TRIGGER SOURCE: 触发源。用于选择不同的触发源。

CH1: 在双踪显示时,触发信号来自CH1通道,单踪显示时,触发信号来自被显示的通道。

CH2: 在双踪显示时,触发信号来自CH2通道,单踪显示时,触发信号来自被显示的通道。

ALT: 交替。在双综显示时,触发信号交替来自于两个Y通道,此方式用于同时观察两路不相关的信号。

LINE: 电源。触发信号来自于市电。

EXT: 外接。触发信号来自于触发输入端口。

(26) ⊥: 机壳接地端。

(27) AC/DC: 外触发信号的耦合方式。当选择外触发源，且信号频率很低时，应将开关置DC位置。

(28) TV/NORM: TV/常态。一般观察，此开关置常态位置。当需观察电视信号时，应将此开关置TV位置。

(29) EXT INPUT: 外触发输入端。

（吉 强）

实验6 分光计的调整与使用

【实验目的】

(1) 了解分光计的基本结构和原理。

(2) 掌握分光计的调整要求和调整方法。

(3) 用分光计测三棱镜的顶角。

【实验原理】 分光计是一种精确测量角度的仪器，它常用来测量折射率、光波波长、色散率和观察光谱等，它是一种比较精密的仪器。分光计的结构如图6-1所示。

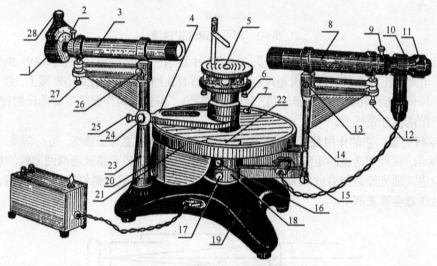

图6-1 分光计的结构示意图

1-狭缝装置; 2-狭缝装置锁紧螺钉; 3-平行光管; 4-制动架(二); 5-载物台; 6-载物台调节螺钉(3只); 7-载物台锁紧螺钉; 8-望远镜; 9-目镜锁紧螺钉; 10-阿贝自准直目镜; 11-目镜调节手轮; 12-望远镜仰角调节螺钉; 13-望远镜水平调节螺钉; 14-支臂; 15-望远镜微调螺钉; 16-转座与度盘止动螺钉; 17-望远镜止动螺钉; 18-制动架(一); 19-底座; 20-转座; 21-度盘; 22-游标盘; 23-立柱; 24-游标盘微调螺钉; 25-游标盘止动螺钉; 26-平行光管水平调节螺钉; 27-平行光管仰角调节螺钉; 28-狭缝宽度调节手轮

分光计主要由底座、望远镜、平行光管、载物台和读数圆盘5部分组成。

1. 分光计底座 底座中心有一固定转轴，望远镜、读数盘、载物台套在中心转轴上，可绕其旋转。

2. 望远镜 望远镜由物镜Y和目镜C组成，如图6-2所示。为了调节和测量，物镜和目镜之间装有分划板P，分划板上刻有 "†" 形格子，它固定在B筒上。目镜可沿B筒前后移动以改变目镜与分划板的距离，使 "†" 形格子能调到目镜的焦平面上。物镜固定在A筒的另一端，是一个消色复合透镜。B筒可沿A筒滑动，以改变 "†" 形格子与物镜的距离，使 "†" 形格子既能调到目镜焦平面上又同时能调到物镜焦平面上。我们所使用的目镜是阿贝目镜,在目镜和分划板间贴分划板下边胶黏着一块全反射小棱镜R(此小棱镜遮去一部分视野),在分划板与小棱镜相接触的面上,镀有不透光的薄膜,并在薄膜上刻画出一个透光小十字,小十字的交点对称于分划板上边的十字线的交点。

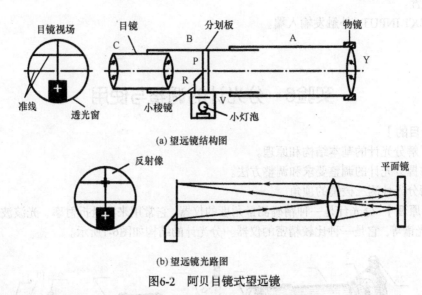

(a) 望远镜结构图

(b) 望远镜光路图

图6-2 阿贝目镜式望远镜

在目镜调节管外装有一个"T"型接头,在接头中装有一个磨砂电珠(电压6.3V,由专用变压器供电)。电珠发出的光透过绿色虑光片V和目镜调节管B上的小方孔射到小棱镜上,经它全反射后,透过小十字方向转为沿望远镜轴线,从物镜Y射出。若被物镜外面的平面镜反射回来,将成绿色十字像落在分划板上。

3. 平行光管 它的作用是产生平行光。一端是一个消色的复合正透镜,另一端是可调狭缝。如图6-3所示,狭缝和透镜的距离可通过伸缩狭缝套筒来调节,只要将狭缝调到透镜的焦平面上,则从狭缝进入的光经透镜后就成为平行光。狭缝的宽度可通过缝宽螺钉来调节,狭缝的方向也可以通过狭缝套筒来调节。

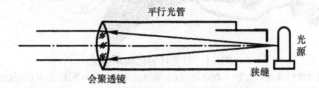

图6-3 平行光管

4. 载物台 是一个用以放置棱镜、光栅等光学元件的旋转平台,平台下有3个调节螺钉,用以改变平台对中心转轴的倾斜度。

5. 度数圆盘 用来确定望远镜旋转的角度,读数圆盘有内、外两层,外盘和望远镜可通过螺钉相连,能随望远镜一起转动,上有0~360°的圆刻度,最小刻度为0.5°(30′);内盘通过螺钉可与载物台相连,盘上相隔180°处有2个对称的角游标ν_1和ν_2,其中各有30个分格,相当于度盘上29个分度,故游标上每一分格对应为1′(其精度为1′)。在游标盘对径方向上设有2个角游标,这是因为读数时要读出2个游标处的读数值,然后取平均值,这样可消除刻度盘和游标盘的圆心与仪器主轴的轴心不重合所引起的偏心误差。

读数方法与游标卡尺相似，这里读出的是角度。读数时，以角游标零线为准，读出刻度盘上的度值，再找游标上与刻度盘上刚好重合的刻线为所求之分值。如果游标零线落在半度刻线之外，则读数应加上30′，如图6-4(a)所示。

举例如下：图6-4(b)是游标尺上17与刻度盘上的刻线重合，故读数为21°17′。图6-4(c)是游标尺上12与刻度盘上的刻线重合，但零线过了刻度的半度线，故读数为258°42′。

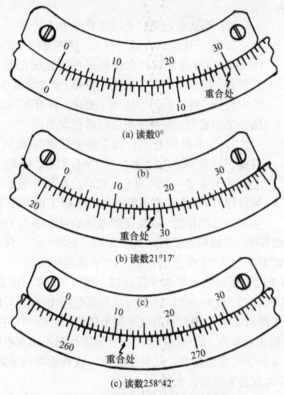

图6-4 读数用的刻度盘和游标盘

分光计的调整：在用分光计进行测量前，必须将分光计各部分仔细调整，应满足以下几个要求。

(1) 望远镜能接收平行光，且其轴线垂直于中心轴。

(2) 载物台平面水平且垂直于中心转轴。

(3) 平行光管能发出平行光，且其轴线垂直于中心转轴。

分光计调整的关键是调好望远镜，其他调整可以以望远镜为标准。具体调整步骤如下。

1. 目视调节 首先用眼睛对分光计仔细观察并调节，调节平行光管光轴高低位置调节螺钉27，使平行光管尽量水平；调节望远镜光轴高低位置调节螺钉12，使望远镜光轴尽量水平；调节载物台下面的3个调平螺钉6，使载物台尽量水平，直到肉眼看不到偏差为止且使载物台台面略低于望远镜物镜下边缘。这一粗调很重要，做好了，才能比较顺利地进行下面的细调。

2. 调望远镜

(1) 调节望远镜适合于观察平行光

1) 根据观察者视力的情况，适当调整目镜，即把目镜调焦手轮11轻轻旋出，然后一边旋进，一边从目镜中观看，直到观察者看到分划板刻线即"十"形格子叉丝清晰为止。

2) 接通电源，在目镜中应看到分划板下方的绿色光斑及透光十字架(图6-2)。

3) 用三棱镜的抛光面紧贴望远镜物镜的镜筒前，旋松螺钉9，沿轴向移动目镜筒，调节目镜与物镜的距离，使物镜后焦点与目镜前焦点重合，直到能清晰地看见反射回来的绿色"十"字像。然后，眼睛在目镜前稍微偏移后，如分划板上的十字丝与其反射的绿色亮十字像之间无相对位移即说明无视差。如有相对位移则说明有视差，这时稍微往复移动目镜，直至无视差为止，这样望远镜就适合平行光，此时将望远镜的目镜紧锁螺钉9旋紧(注意：目镜调整好后，在整个实验过程中不要再调动目镜)。

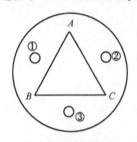

①、②、③为载物平台
下面的3个调平螺钉
图6-5　三棱镜在载物
台上的放置

(2) 调整望远镜的光轴垂直于中心转轴

1) 把三棱镜放在载物台上，放置方位如图6-5所示。转动望远镜(或转动游标盘使载物台转动)，使望远镜的物镜分别对准三棱镜的光学面，若绿"十"字像在三棱镜3个光学面中任意两个光学面的视场中找到，则目视调节达到了要求，若看不到绿"十"字像，或只能从一个面看到，则需重新进行目视调节。

2) 分半调节(细调)。由三棱镜任意两(粗调)光学面都能从望远镜目镜视场看到清晰的绿"十"字反射像，但是，"十"字像与分划板上面的十字丝一般不重合。这时，为了能使分光计进行精确测量，必须将绿"十"字反射像调到与分划板上面的十字丝重合，即与透光十字架对称的位置，以满足望远镜的轴线垂直于中心转轴。

调节过程采用分半调节法：先将望远镜对准光学面AB，若绿"十"字像位于图6-6(a)中的位置，调节载物台下的调平螺钉①，使"十"字像上移一半("十"字像与调整用十字丝间的距离减少一半)至图6-6(b)位置，再调节望远镜下面的水平调节螺钉12，使"十"字像与调整用十字丝重合，如图6-6(c)位置。将望远镜转至AC面，此时绿"十"字像可能与调整用十字丝又不重合，应该再按上面的方法调节载物台的调平螺钉。②与望远镜的水平调节螺钉12，使"十"字像重合于上部调整用十字丝。因为AB、AC两面相互牵连，故应反复调节，直至望远镜不论对准哪一个面，"十"字像都能与分划板上的调整用十字丝完全重合。此时望远镜轴线和载物台平面均垂直于中心轴，且三棱镜两光学面AB、AC也垂直于望远镜光轴。

注意：在后面的调整或读数过程中，不要再动望远镜的水平调节螺钉12和载物台下的3个调平螺钉6。

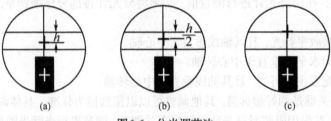

(a)　　　　　　(b)　　　　　　(c)
图6-6　分半调节法

3. 调节载物台平面与中心轴垂直　在第2步调整时已同步完成。

4. 调节平行光管

(1) 调节平行光管使其产生平行光。

将已调整好的望远镜作为标准，这时平行光射入望远镜必聚焦在十字线平面上，就是要把平行光管的狭缝调整到其透镜的焦平面上。调整方法如下：

1) 去掉目镜照明器上的光源，将望远镜管正对平行光管。

2) 从侧目和俯视两个方向用目视法调节平行光管光轴的高低位置调节螺钉27，大致调到与望远镜光轴一致。

3) 取去三棱镜，开启汞光灯，照亮平行光管的狭缝。从望远镜中观察狭缝的像，旋松螺钉2，前后移动平行光管狭缝装置，直到看到边缘清晰而无视察的狭缝像为止。然后使用狭缝宽度调节手轮28调节狭缝的宽度，使从望远镜中看到它的像宽为1mm左右。

(2) 调节平行光管的光轴垂直于中心转轴。

调整平行光管光轴的高低位置调节螺钉27，使狭缝的横像被望远镜分划板上的大十字丝的水平线上下平分，如图6-7(a)所示；旋转狭缝转90°，使狭缝的像与望远镜分划板的垂直线平行，注意不要破坏平行光管的调焦，然后将狭缝位置锁紧螺钉2旋紧；再利用望远镜左右移动微调螺钉13，使分划板的垂直线精确对准狭缝的中心线，再调节平行光管倾斜螺丝，使狭缝竖直像被中央十字线的水平线上下平分，如图6-7(b)所示。此后整个实验中不再变动平行光管。

完成上述操作步骤以后，分光计就可以用来进行精密测量。

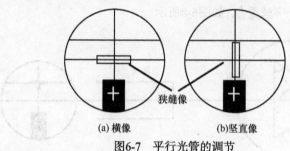

(a) 横像　　　　　　　　(b)坚直像

图6-7　平行光管的调节

【实验器材】 分光计，汞灯，玻璃三棱镜。

【注意事项】

(1) 保护好光学仪器的光学面。

(2) 光学仪器螺钉的调节动作要轻柔，锁紧螺钉锁住即可，不可用力，以免损坏器件。

(3) 仪器要避免振动或撞击，以防止光学器件损坏影响精度。

(4) 在计算望远镜转过的角度时，要注意望远镜是否经过了刻度盘的零点。例如，当望远镜由图6-8中的位置 I 转到位置 II 时，读数如表6-1所示。

表6-1　望远镜经过刻度盘零点偏转角计算

望远镜的位置	I		II	
游标A	175° 45′	(α_1)	295° 43′	(α_2)
游标B	355° 45′	(β_1)	115° 43′	(β_2)

游标A未经过零点，望远镜转过的角度为：

$$\phi = |\alpha_2 - \alpha_1| = 119°58'$$

游标B经过了零点，这时望远镜转过的角度应按下式计算：

$$\phi = |(360° + \beta_2) - \beta_1| = 119°58'$$

即上述公式中$|\alpha_2-\alpha_1|$、$|\beta_2-\beta_1|$如果其中有一组角度的读数是经过了刻度盘的零点而读出的，则 $|\alpha_2-\alpha_1|$ 或 $|\beta_2-\beta_1|$ 的读数差就会大于180°。此时，应从360°减去此值，再代入 $A = 180° - \frac{1}{2}\left[|\alpha_2 - \alpha_1| + |\beta_2 - \beta_1|\right]$ 计算。

【实验内容与步骤】

1. 调整分光计

(1) 使望远镜对平行光聚焦。

(2) 使望远镜光轴垂直于仪器公共轴。

(3) 使载物台台面水平且垂直于中心轴。

(4) 使平行光管射出平行光。

(5) 使平行光管光轴垂直于仪器公共轴, 且与望远镜等高同轴。

2. 调整三棱镜　光学面垂直于望远镜光轴。分光计调整第(2)步时已完成。

3. 测量棱镜顶角A(自准法)　在分光计调整时, 完成分半调节后, 就可以测量三棱镜的顶角(注: 用自准法测顶角时可不用平行光, 即本次实验可以不调平行光管)。

测量方法:

(1) 对两游标做一适当标记, 分别称为游标A和游标B, 切记勿颠倒。

(2) 将载物台锁紧螺钉7和游标盘止动螺钉25旋紧, 固定平台; 再将望远镜对准三棱镜AC面, 使十字像与分划板上面的十字丝重合, 如图6-8所示。

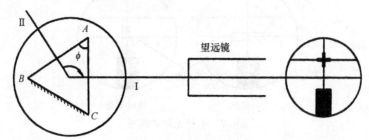

图6-8　测三棱镜顶角A

记下游标A的读数α_1和游标B的读数β_1。

(3) 转动望远镜(此时度盘21与望远镜固定在一起同时转动), , 将望远镜对准AB面, 使十字像与分划板上面的十字丝重合, 记下此时游标A的读数α_2和游标B的读数β_2。同一游标两次读数之差$|\alpha_2-\alpha_1|$或$|\beta_2-\beta_1|$, 即是望远镜转过的角度ϕ, 而ϕ是A角之补角, 则三棱镜顶角$A=180°00'-\phi$。其中: $\phi=\dfrac{1}{2}\left(|\alpha_2-\alpha_1|+|\beta_2-\beta_1|\right)$。

(4)稍微变动载物台的位置, 重复测量3次, 数据填入表6-2中。

【实验数据与结果】　数据记录表格如表6-2所示。

表6-2　测顶角实验数据记录

次数	A游标			B游标			ϕ
	α_1	α_2	$|\alpha_2-\alpha_1|$	β_1	β_2	$|\beta_2-\beta_1|$	
1							
2							
3							

$\phi=\dfrac{\phi_1+\phi_2+\phi_3}{3}$ ＿＿＿＿＿＿。　$\overline{A}=180°00'-\phi=$ ＿＿＿＿＿＿。

【思考题】

(1) 测角θ 时, 望远镜α_1经零点转到α_2, 则望远镜转过的角度$\theta=$?。如$\alpha_1=300°00'$, $\alpha_2=30°1'$, 则$\theta=$?

(2) 分光计为什么要设置两个读数游标?

(3) 借助于三棱镜的光学反射面调节望远镜光轴使之垂直于分光计中心转轴时, 为什么要求两面反射回来的绿"十"字像都要和"十"形叉丝的上交点重合?

(4) 为什么采用分半调节法能迅速地将十字像与分划板上面的十字丝重合?

(刘东华)

实验7 电子束的电偏转与磁偏转

【实验目的】

(1) 了解阴极射线管的结构及原理。

(2) 掌握电子束在外加电场和磁场作用下偏转的原理和方式。

(3) 观察电子束的电偏转和磁偏转现象, 测定电偏转灵敏度、磁偏转灵敏度、截止栅偏压。

(4) 理解各种成像设备中显像管的基本原理。

【实验原理】 各种成像设备中的示波管、显示器、电视显像管、摄像管等的外形和功用虽然各不相同, 但它们都有一个共同点, 即利用了电子束的聚焦和偏转。电子束的聚焦与偏转可以通过电场和磁场对电子的作用来实现。本实验就是利用示波管研究电子束在电场和磁场中的运动规律。

1. 示波管的结构 如图7-1所示, 示波管是一个抽成真空的玻璃管, 管内部件分为电子枪、偏转板和荧光屏三部分。其中电子枪是示波管的核心部件, 它由阴极K、控制栅极G、第一阳极A_1和第二阳极A_2等同轴金属圆筒(筒内膜片中心设有小孔)组成。灯丝H通电后阴极被加热发射出大量热电子。第一阳极A_1的电势比阴极K高几百伏, 第二阳极A_2的电势更高, 这样在K-A_2之间形成强电场, 使阴极发射的热电子被加速, 最后打在荧光屏上, 发出可见光, 显示电子射线的落点。控制栅极G加有比阴极低的负电压, 用来控制到达荧光屏的电子数, 以改变荧光屏上光点的亮度(或称为辉度)。

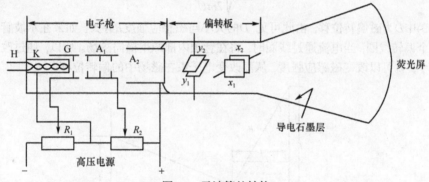

图7-1 示波管的结构

2. 电子束在横向电场中的偏转(电偏转) 当示波管的两块y轴(或x轴)偏转板加上电压时, 通过两板间的电子束将受到电场力的作用而发生横向偏移。如图7-2所示, 设偏转板长为l, 两板间距离为d, 偏转板中心到荧光屏的距离为L, 加速电压为U_2, 偏转电压为U_d, 经过加速的电子以速度v_z进入偏转电场, 受电场力的作用, 运动方向发生改变, 偏向正极板一侧。电子离开偏转板后, 不再受电场力的作用, 它将以离开偏转板时的速度匀速前进, 并打到荧光屏上。经理论推导可得

$$D = \frac{lLU_d}{2dU_2} \tag{7-1}$$

式(7-1)表明, 荧光屏上光点的位移D与偏转电压U_d的大小成正比。比例系数在数值上等于偏转电压为1V时, 屏上光点位移的大小, 称为示波管的电偏转灵敏度S, 即

$$S = \frac{D}{U_d} = \frac{lL}{2dU_2} \qquad (7-2)$$

式(7-2)表明, 电偏转灵敏度S与l及L成正比, 与d及U_2成反比。其中l、d、L可理解为与偏转板相关的几何量, 当它们一定时, S只随加速电压U_2的增大而减小。

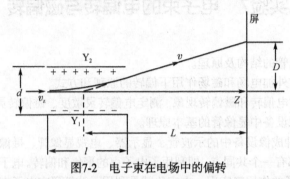

图7-2 电子束在电场中的偏转

3. 电子束在横向磁场中的偏转(磁偏转) 电子束通过磁场时, 会受到洛伦兹力的作用而发生偏转。如图7-2所示, 设实线方框内有磁感应强度为B的均匀磁场, 方向垂直纸面向外, 方框外$B=0$。当电子以速度v_z垂直射入磁场中($v_z \perp B$), 受洛伦兹力的作用, 在磁场区域内作匀速圆周运动, 轨道半径为R。电子离开磁场区域后, 将作匀速直线运动, 该直线偏离z方向φ角, 若偏转角φ不很大, 则

$$D = \frac{lLeB}{mv_z} \qquad (7-3)$$

或

$$D = lLB\sqrt{\frac{e}{2mU_2}} \qquad (7-4)$$

式(7-3)中D为磁偏转位移, 由此可见, D的大小与磁感应强度B有关。如果在示波管的两侧分别插入两个偏转线圈, 当电流通过线圈时, 将在管颈内部产生横向磁场。所以, 通过改变线圈中电流的大小, 就可以改变磁感应强度, 从而改变电子束在磁场中的偏转位移。

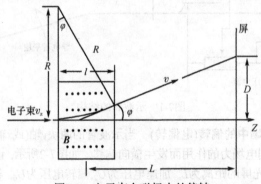

图7-3 电子束在磁场中的偏转

【**实验器材**】 电子束实验仪、示波管组件、数字万用表、直流稳压电源。

【**注意事项**】

(1) 本仪器内示波管电路和励磁电路均存在高压, 在仪器插上电源线后, 切勿触及印刷板、示波器管座、励磁线圈的金属部分, 以免电击危险。

(2) 本仪器的电源线应插在标准的三芯电源插座上。电源的火线、零线和地线应按国家标

准接法之规定接在规定的位置上。

(3) 在将实验仪面板上H_1、H_2对应的钮子开关均置于上方的情况下，水平偏转板H_2和地G之间存在阳极高压，在水平偏转极板H_1和H_2之间接通0~30V直流偏转电压时，千万不要把两手接触到H_2和地GND之间，以免电击危险。

(4) 在将实验仪面板上V_1、V_2对应的钮子开关均置于上方的情况下，水平偏转板V_1和地G之间存在阳极高压，在水平偏转极板V_1和V_2之间接通0~30V直流偏转电压时，千万不要把两手接触到V_1和地GND之间，以免电击危险。

【实验内容与步骤】

1. 准备工作

(1) 用专用电缆线连接电子束实验仪和示波管支架上的两个插座。

(2) 将实验箱面板上的"电聚焦/磁聚焦"选择开关置于"电聚焦"。

(3) 将与第一阳极对应的钮子开关置于上方，其余的钮子开关均置于下方。

(4) 将实验仪后面的励磁电流开关置于"关"。

(5) 将"磁聚焦调节"旋钮旋至最小位置。

(6) 为减小地磁场对实验的影响，实验时尽量将示波管组件东西方向放置，即螺线管线圈在东西方向上。

(7) 开启电源开关，调节"阳极电压调节"电位器，使"阳极电压"数显表显示为800V，适当调节"辉度调节"电位器，此时示波器上出现光斑，使光斑亮度适中，然后调节"电聚焦调节"电位器，使光斑聚焦，成一小圆点状光点。

2. 电偏转灵敏度的测定

(1) 令"阳极电压"显示为800V，在光斑聚焦的状态下，将H_1对应的钮子开关单独置于上方，此时荧光屏上会出现一条由光点出发的水平射线，方向向左；将H_2对应的钮子开关单独置于上方，此时荧光屏上会出现一条由光点出发的水平射线，方向向右。将H_1、H_2对应的钮子开关均置于上方，此时荧光屏上会出现一条水平亮线，这是因为水平偏转极板上感应有50Hz交流电压之故。测量时在水平偏转极板H_1和H_2之间接通0~30V直流偏转电压，H_1接正极，H_2接负极，由小到大调节直流电压输出，应能看到光点向右偏转，分别记录电压为0V、10V、20V时光点位置偏移量，然后改变偏转电压的极性，重复上述步骤，列表记录数据。

(2) 将H_1、H_2对应的钮子开关均置于下方。将V_1对应的钮子开关单独置于上方，此时荧光屏上会出现一条由光点出发的水平射线，方向向上；将V_2对应的钮子开关单独置于上方，此时荧光屏上会出现一条由光点出发的水平射线，方向向下。将V_1、V_2对应的钮子开关均置于上方，此时荧光屏上会出现一条水平亮线，这是因为垂直偏转极板上感应有50Hz交流电压之故。测量时在垂直偏转极板V_1和V_2之间依次接通0V、10V、20V直流偏转电压，分别记录光点位置偏移量，然后改变偏转电压的极性，重复上述步骤，列表记录数据。

(3) 将"阳极电压"分别调至1000V、1200V，按实验步骤1的方法使光斑重新聚焦后，按实验步骤2中(1)、(2)的方法重复以上测量，列表记录数据。

3. 磁偏转灵敏度的测定

(1) 准备工作与"电偏转灵敏度的测定"完全相同。为了计算亥姆霍兹线圈(磁偏转线圈)中的电流，必须事先用数字万用表测量线圈的电阻值，并记录。

(2) 令"阳极电压"数显表显示为800V，在光斑聚焦的状态下，接通亥姆霍兹线圈(磁偏转线圈)的励磁电压0~10V，分别记录电压为0V、2V、4V、6V、8V时荧光屏上光点位置偏移量，然后改变励磁电压的极性，重复以上步骤，列表记录数据。

(3) 调节"阳极电压调节"电位器，使阳极电压分别为1000V、1200V，重复实验步骤(2)，列表记录数据。

(4) 计算不同阳极电压下的磁偏转灵敏度。

4. 截止栅偏压的测定

(1) 准备工作与"电偏转灵敏度的测定"完全相同，但为了测量阴极和栅极之间的电压 V_{GK}，需将与阴极K和栅极G相对应的钮子开关均置于上方。

(2) 令"阳极电压"数显表显示为800V，在光斑聚焦的状态下，用数字万用表直流电压挡测量栅极与阴极之间的电压 V_{GK}，为负值，调节"辉度调节"电位器，记录荧光屏上光点刚消失时的 V_{GK} 值。

(3) 调节"阳极电压调节"电位器，使阳极电压分别为1000V、1200V，重复实验步骤(2)，记录相应的 V_{GK} 值。

【数据处理与结果】

(1) 计算不同阳极电压下的水平电偏转灵敏度和垂直电偏转灵敏度。

(2) 计算不同阳极电压下的磁偏转灵敏度。

【思考题】

(1) 电偏转、磁偏转的灵敏度是怎样定义的，它与哪些参数有关？

(2) 在不同阳极电压下，为什么偏转灵敏度会不同？

(3) 何谓截止栅偏压？

(张艳洁)

实验8 周期电信号的傅里叶分析

【实验目的】

(1) 了解常用周期信号的傅里叶级数表示方法。

(2) 了解信号频谱的含义，掌握用带通滤波器选频电路对周期电信号进行傅里叶分解和合成。

(3) 掌握用谐波电源获取一个非正弦周期信号的方法。

【实验原理】 任何电信号都是由各种不同频率、幅值和初相的正弦波迭加而成的。一个非正弦周期函数可以用一系列频率成整数倍的正弦函数来表示，其中与非正弦具有相同频率的成分称为基频或一次谐波，其他成分则根据其频率为基频频率的2、3、4、…、n倍数分别称二次、三次、四次、…、n次谐波，其幅度将随谐波次数的增加而减少，直至无穷小。由波的合成与分解可知，不同频率的谐波可以合成一个非正弦周期波，反过来，一个非正弦周期波也可以分解为无限个不同频率的谐波成分。

1. 周期信号傅里叶分析的数学基础 任意一个满足狄里希利条件的周期为 T 的函数 $f(t)$ 都可以表示为傅里叶级数：

$$f(t) = \frac{1}{2}a_0 + \sum_{n=1}^{\infty}\left(a_n \cos n\omega_1 t + b_n \sin n\omega_1 t\right)$$

$$a_0 = \frac{1}{T_1}\int_{T_1} f(t)\,\mathrm{d}t$$

$$a_n = \frac{2}{T_1}\int_{T_1} f(t)\cos n\omega_1 t\,\mathrm{d}t$$

$$b_n = \frac{2}{T_1}\int_{T_1} f(t)\sin n\omega_1 t\,\mathrm{d}t$$

其中 ω_1 为角频率, 称为基频, $a_0/2$ 为常数(相当于信号的直流分量), a_n 和 b_n 称为第 n 次谐波的幅值。

　　一个非正弦周期函数可用傅里叶级数来表示, 级数各项系数之间的关系可用一个个频谱来表示, 不同的非正弦周期函数具有不同的频谱图。各种周期性非简谐交变信号的傅里叶级数表达式如下, 其波形如图8-1所示, 方波频谱图如图8-2所示。

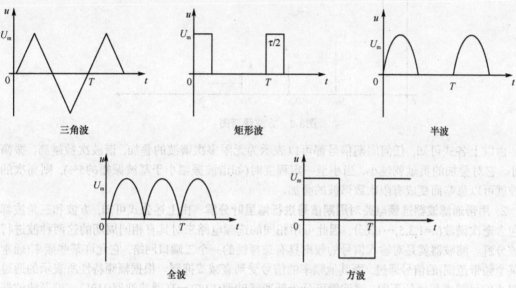

图8-1　各种非正弦周期信号的波形

(1) 三角波

$$u(t) = \frac{8U_m}{\pi^2}\left(\sin\omega t - \frac{1}{9}\sin 3\omega t + \frac{1}{25}\sin 5\omega t - \ldots\right)$$

(2) 矩形波

$$u(t) = \frac{\tau U_m}{T} + \frac{2U_m}{\pi}\left(\sin\frac{\tau\pi}{T}\cos\omega t + \frac{1}{2}\sin\frac{2\tau\pi}{T}\cos 2\omega t + \frac{1}{3}\sin\frac{3\tau\pi}{T}\cos 3\omega t + \ldots\right)$$

(3) 半波

$$u(t) = \frac{U_m}{\pi} + \frac{U_m}{2}\left(\cos\omega t - \frac{4}{3\pi}\cos 2\omega t - \frac{4}{15\pi}\cos 4\omega t + \ldots\right)$$

(4) 全波

$$u(t) = \frac{4U_m}{\pi}\left(\frac{1}{2} - \frac{1}{3}\cos 2\omega t - \frac{1}{15}\cos 4\omega t - \frac{1}{35}\cos 6\omega t + \ldots\right)$$

(5) 方波

$$u(t) = \frac{4U_m}{\pi}\left(\sin\omega t + \frac{1}{3}\sin 3\omega t + \frac{1}{5}\sin 5\omega t + \frac{1}{7}\sin 7\omega t + \ldots\right)$$

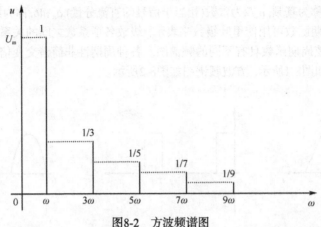

图8-2 方波频谱图

由以上各式可知，任何周期信号都可以表示为无限多次谐波的叠加，谐波次数越高，振幅越小，它对叠加的贡献就越小，当小至一定程度时(如谐波振幅小于基波振幅的5%)，则高次的谐波就可以忽略而变成有限次数谐波的叠加。

2. 用带通滤波器选频电路对周期信号进行傅里叶分解 由上述公式可知，方波和三角波都只包含奇次谐波($n=1,3,5,\cdots$)成分，因此可用相同的选频电路来对具有相同周期的这两种波进行谐波分解。滤波器就是对输入信号的频率具有选择性的一个二端口网络，它允许某些频率(通常是某个频带范围)的信号通过，而其他频率的信号受到衰减或抑制。根据幅频特性所表示的通过或阻止信号频率范围的不同，滤波器可分为低通滤波器(LPF)、高通滤波器(HPF)、带通滤波器(BPF)和带阻滤波器(BEF)四种。把能够通过的信号频率范围定义为通带，把阻止通过或衰减的信号频率范围定义为阻带。而通带与阻带的分界点的频率ω_0称为截止频率或称转折频率。图8-3是带通滤波器中的一种电路，图8-4是它的幅频特性，其中$H(j\omega)$为通带的电压放大倍数，ω_0为中心频率，ω_L和ω_H分别为低端和高端截止频率。本实验通过一组中心频率等于该信号各谐波频率的带通滤波器，获取该周期性信号在各频点信号幅度的大小。

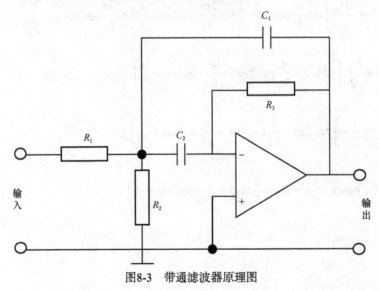

图8-3 带通滤波器原理图

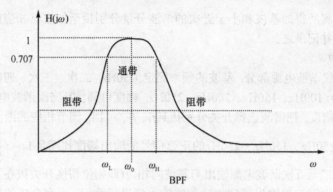

图8-4 带通滤波器的幅频特性

3. 谐波的合成 同样, 如果按某一特定信号在其基波及其谐波处的幅度与相位可以合成该信号。理论上需要谐波点数为无限, 但由于谐波幅度随着谐波次数的增加信号幅度减少, 因而只需取一定数目的谐波数即可。如要合成一个方波或三角波电信号, 需要符合如下条件的一组正弦电信号: ①它们的频率之比为 1 : 3 : 5 : …; ②它们的初相位彼此相等; ③各正弦信号的电压幅值之比满足要求(方波时为 $1 : \frac{1}{3} : \frac{1}{5} : \cdots$, 三角波时为 $1 : \frac{1}{9} : \frac{1}{25} : \cdots$)。通过加法器把各正弦波相加, 其中负的谐波项只需把相应的正弦波拨到反相即可。

【实验器材描述】 周期电信号波形傅里叶分析仪、双踪示波器。

图8-4为信号分解与合成实验装置结构框图, 其中LPF为低通滤波器, 可分解出非正弦周期函数的直流分量, BPF1 ~ BPF6为调谐在基波和各次谐波上的有源带通滤波器, 加法器用于信号的合成。

【实验内容与步骤】

1. 用带通滤波器选频电路对周期电信号进行傅里叶分解

(1) 分别将50Hz单相三角波、矩形波、半波、全波、方波的输出信号接至50Hz电信号分解与合成模块的输入端(如图8-5), 同时接双踪示波器观察输入波形。

(2) 将各带通滤波器的输出(注意各种不同信号所包含的频谱)分别接至示波器, 观测各次谐波的频率和幅值, 列表记录频率和幅值并画出波形图。

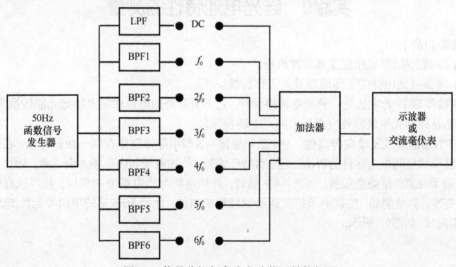

图8-5 信号分解与合成实验装置结构框图

(3) 将方波分解所得的基波和小于五次的谐波分量分别接至加法器相应的输入端, 观测加法器的输出波形, 并记录之。

2. 方波的合成

(1) 选择实验仪谐波电源部分, 基波的频率固定为50Hz, 二次、三次、四次、五次谐波电源的频率分别固定为: 100Hz、150Hz、200Hz、250Hz, 幅度可调。2～5次谐波电源可取反相输出。

(2) 调节谐波幅度, 把谐波选择开关分别拨到f_1、f_2、…挡, 调节相应的谐波输出电压调节电位器f_1、f_2、…, 使50Hz、150Hz、250Hz的正弦信号的输出幅度比满足$1:\frac{1}{3}:\frac{1}{5}$, 100Hz、200Hz的输出调节为零, 二至五次谐波电源输出与基波同相位(即相位切换开关拨在下面)。

(3) 依次将各次谐波的输出接到加法器的输入端进行叠加, 观察合成的波形, 画出此合成的波形。

3. 三角波的合成

(1) 按上述实验步骤(1)、(2)调节基波、三次谐波、五次谐波电源的输出, 使其幅度之比满足$1:\frac{1}{9}:\frac{1}{25}$, 并且取三次谐波反相输出(相位切换开关拨在上面)。

(2) 依次将各次谐波的输出接到加法器的三个输入端进行叠加, 观察合成的波形, 并画出此合成的波形。

(3) 根据不同的傅里叶级数表达式, 调节各谐波电源和倒相开关获取所需信号波形。(选做, 实验步骤自拟)

【思考题】

(1) 周期性信号的频谱特性是什么? 什么样的周期性函数没有直流分量和余弦项?

(2) 各次谐波输出幅度的改变, 对合成信号有何影响?

(3) 各次谐波相位的改变, 对合成信号有何影响?

(4) 与理论波形作比较, 分析合成的波形与实际的波形相比会有哪些失真, 试述减小失真的途径。

(李明珠)

实验9　硅光电池特性的测量

【实验目的】

(1) 掌握PN结形成原理及其工作机理。

(2) 掌握硅光电池的工作原理及其工作特性。

【实验原理】 光电池是一种光电转换元件, 它不需要外加电源而能直接把光能转换为电能。硅光电池是根据光生伏特效应而制成的光电转换元件。

1. PN结的形成及单向导电性　将P型半导体与N型半导体制作在同一块硅片上, 在它们的交界面就形成空间电荷区称为PN结。当PN结反偏时, 外加电场与内电场方向一致, 耗尽区在外电场作用下变宽, 使势垒加强; 当PN结正偏时, 外加电场与内电场方向相反, 耗尽区在外电场作用下变窄, 势垒削弱, 使载流子扩散运动继续形成电流, 此即为PN结的单向导电性,电流方向是从P指向N, 如图9-1所示。

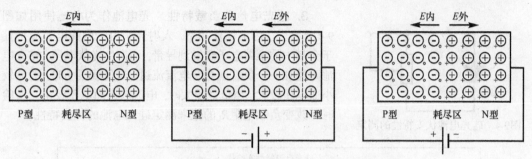

图9-1 半导体PN结在零偏、负偏、正偏下的耗尽区

2. 硅光电池的工作原理 光电池的基本结构如图9-1所示，当半导体PN结处于零偏或负偏时，在它们的结合面耗尽区存在一内电场。

当没有光照射时，光电二极管相当于普通的二极管。其伏安特性是

$$I = I_s \left(e^{\frac{eU}{kT}} - 1 \right) = I_s \left[\exp\left(\frac{eU}{kT} \right) - 1 \right] \tag{9-1}$$

式(9-1)中I为流过二极管的总电流，I_s为反向饱和电流，e为电子的电量，k为玻尔兹曼常量，T为工作绝对温度，U为加在二极管两端的电压。对于外加正向电压，I随U指数增长，称为正向电流；当外加电压反向时，在反向击穿电压之内，反向饱和电流基本上是个常数。

当有光照射时，入射光子将把处于介带中的束缚电子激发到导带，激发出的电子空穴对在内电场作用下分别漂移到N型区和P型区，当在PN结两端加负载时就有一光生电流流过负载。流过PN结两端的电流为

$$I = I_s \left(e^{\frac{eU}{kT}} - 1 \right) + I_p = I_s \left[\exp\left(\frac{eU}{kT} \right) - 1 \right] + I_p \tag{9-2}$$

式(9-2)中I为流过硅光电池的总电流，I_s为反向饱和电流，U为PN结两端电压，T为工作绝对温度，I_p为产生的反向光电流。从式中可以看到，当光电池处于零偏时，$U=0$，流过PN结的电流$I = I_p$；当光电池处于负偏时(实验中取$U=-5$V)，流过PN结的电流$I=I_p+I_s$。

比较式(9-1)和式(9-2)可知，硅光电池的伏安特性曲线相当于把普通二极管的伏安特性曲线向下平移。

图9-3是光电池光电信号接收端的工作原理框图，光电池把接收到的光信号转变为与之成正比的电流信号，再经I/V转换模块把光电流信号转换成与之成正比的电压信号。比较光电池零偏和反偏时的信号，就可以测定光电池的饱和电流I_s。

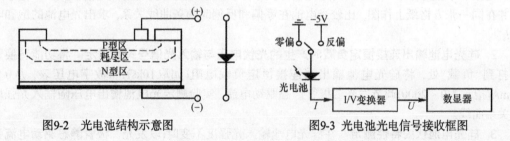

图9-2 光电池结构示意图　　　　图9-3 光电池光电信号接收框图

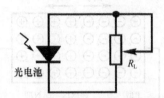

图9-4 硅光电池伏安特性的测定

3. 硅光电池的负载特性 光电池作为电池使用如图9-4所示。在内电场作用下,入射光子由于内光电效应把处于介带中的束缚电子激发到导带,而产生光伏电压,在光电池两端加一个负载就会有电流流过,当负载很小时,电流较小而电压较大;当负载很大时,电流较大而电压较小。实验时可改变负载电阻R_L的值来测定硅光电池的伏安特性。

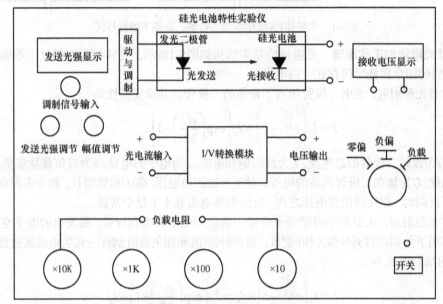

图9-5 硅光电池特性实验仪框图

【**实验器材**】 硅光电池特性实验仪。

【**实验内容与步骤**】 硅光电池特性实验仪框图如图9-5所示。超高亮度LED在可调电流和调制信号驱动下发出的光照射到光电池表面,功能转换开关可分别打到零偏、负偏或负载。

1. 硅光电池零偏和反偏时光电流与输入光信号关系特性测定 打开仪器电源,观察仪器左上角"发光强度显示"表,同时在0～2000调节发光强度旋钮(相当于调节发光二极管静态驱动电流,其调节范围为0～20mA),将功能转换开关分别打到零偏和负(反)偏,将硅光电池输出端连接到I/V转换模块的输入端,将I/V转换模块的输出端连接到数字电压表头的输入端(仪器右上角,调节电压的单位为0.1mV),分别测定光电池在零偏和反偏时光电流与输入光信号关系。记录数据并在同一张方格纸上作图,比较光电池在零偏和反偏时两条曲线关系,求出光电池的饱和电流I_s。

2. 硅光电池输出连接恒定负载时产生的光伏电压与输入光信号关系测定 将功能转换开关打到"负载"处,将硅光电池输出端连接恒定负载电阻(如取10kΩ)和数字电压表,从0～20mA(指示为0～2000)调节发光二极管静态驱动电流,实验测定光电池输出电压随输入光强度的关系曲线。

3. 硅光电池伏安特性测定 在硅光电池输入光强度不变时(取发光二极管静态驱动电流为15mA),测量当负载从0~100kΩ变化时,光电池的输出电压随负载电阻变化的关系曲线。

【**实验数据与结果**】

(1) 记录实验数据,填入表格中(表9-1~表9-3)。

表9-1 硅光电池在零偏和负偏时，硅光电池输出电压和输入光信号关系测定

光强	100	200	300	400	500	600	700	800	900
零偏$U(10^{-1}\text{mV})$									
负偏$U(10^{-1}\text{mV})$									
光强	1000	1100	1200	1300	1400	1500	1600	1700	1800
零偏$U(10^{-1}\text{mV})$									
负偏$U(10^{-1}\text{mV})$									

表9-2 硅光电池输出连接恒定负载时产生的光伏电压与输入光信号关系测定

光强	100	200	300	400	500	600	700	800	900
$U(10^{-1}\text{mV})$									
光强	1000	1100	1200	1300	1400	1500	1600	1700	1800
$U(10^{-1}\text{mV})$									

表9-3 硅光电池伏安特性测定

$R(\text{k}\Omega)$	5	10	15	20	25	30	35	40	45
$U(10^{-1}\text{mV})$									
$I(10^{-7}\text{A})$									
$R(\text{k}\Omega)$	50	55	60	65	70	75	80	85	90
$U(10^{-1}\text{mV})$									
$I(10^{-7}\text{A})$									

(2) 绘制特性曲线。

(3) 归纳总结实验结果。

【思考题】

(1) 光电池在工作时为什么要处于零偏或反偏？

(2) 光电池用于线性光电探测器时，对耗尽区的内部电场有何要求？

(3) 光电池对入射光的波长有何要求？

（高 杨）

第三章　综合性物理实验

实验10　三线摆法测定物体的转动惯量

【实验目的】

(1) 学习用三线摆法测定物体的转动惯量。

(2) 测定并比较二个质量相同而质量分布不同的物体的转动惯量。

(3) 验证转动惯量的平行轴定理。

【实验原理】　转动惯量是物体转动惯性的量度。物体对某轴的转动惯量的大小，除了与物体的质量有关外，还与转轴的位置和质量的分布有关。正确测量物体的转动惯量，在工程技术中有着十分重要的意义。有规则物体的转动惯量可以通过计算求得，但对几何形状复杂的刚体，计算则相当复杂，而用实验方法测定，就简便得多，三线扭摆就是通过扭转运动测量刚体转动惯量的常用装置之一。

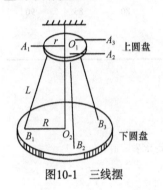

图10-1　三线摆

三线摆是将一个匀质圆盘，以等长的三条细线对称地悬挂在一个水平的小圆盘下面构成的。每个圆盘的三个悬点均构成一个等边三角形。如图10-1所示，当底圆盘B调成水平，三线等长时，B盘可以绕垂直于它并通过两盘中心的轴线O_1O_2作扭转摆动，扭转的周期与下圆盘(包括其上物体)的转动惯量有关，三线摆法正是通过测量它的扭转周期去求已知质量物体的转动惯量。

当摆角很小，三悬线很长且等长，悬线张力相等，上下圆盘平行，且只绕O_1O_2轴扭转的条件下，设下圆盘B的质量为m_0，以小角度作扭转振动时，它沿O_1O_2轴线上升的高度h，按机械能守恒定律，略去摩擦力，圆盘回到平衡位置时的动能和势能相等，即

$$\frac{1}{2}J_0\omega_0^2 = m_0gh \tag{10-1}$$

式中J_0为下圆盘对于通过其质心且垂直于盘面的O_1O_2轴的转动惯量，ω_0为回到平衡位置时角速度。经整理得到下圆盘B对O_1O_2轴的转动惯量J_0为：

$$J_0 = \frac{m_0gRr}{4\pi^2 H}T_0^2 \tag{10-2}$$

式中r和R分别为上圆盘A和下圆盘B上线的悬点到各自圆心O_1和O_2的距离(注意r和R不是圆盘的半径)，H为两盘之间的垂直距离，T_0为下圆盘扭转的周期。

若测量质量为m的待测物体对于O_1O_2轴的转动惯量J，只须将待测物体置于圆盘上，设此时扭转周期为T，对于O_1O_2轴的转动惯量为：

$$J_1 = J + J_0 = \frac{(m+m_0)gRr}{4\pi^2 H}T^2 \tag{10-3}$$

于是得到待测物体对于O_1O_2轴的转动惯量为：

$$J = \frac{(m+m_0)gRr}{4\pi^2 H}T^2 - J_0 \tag{10-4}$$

上式表明，各物体对同一转轴的转动惯量具有相叠加的关系，这是三线摆方法的优点。为了将测

量值和理论值比较, 安置待测物体时, 要使其质心恰好和下圆盘B的轴心重合。

本实验还可验证平行轴定理。如把一个已知质量的小圆柱体放在下圆盘中心, 质心在O_1O_2轴, 测得其直径 $D_{小柱}$, 由公式 $J_2 = \dfrac{1}{8}mD_{小柱}^2$ 算得其转动惯量J_2; 然后把其质心移动距离d, 为了不使下圆盘倾翻, 用两个完全相同的圆柱体对称地放在圆盘上, 如图10-2所示。设两圆柱体质心离开O_1O_2轴距离均为d (即两圆柱体的质心间距为$2d$) 时, 它们对于O_1O_2轴的转动惯量为J_2', 设一个圆柱体质量为M_2, 则由平行轴定理可得:

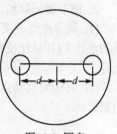

图10-2 圆盘

$$M_2 d^2 = \frac{J_2'}{2} - J_2 \tag{10-5}$$

由此算出的d值和用长度器实测的值比较, 在实验误差允许范围内两者相符的话, 就验证了转动惯量的平行轴定理。

【实验器材描述】 转动惯量测定仪。结构如图10-3所示。

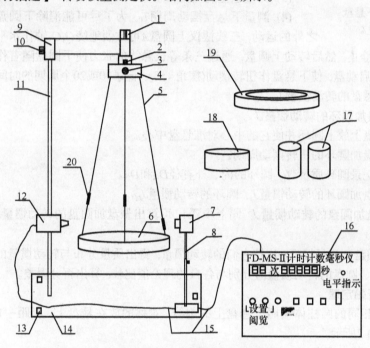

图10-3 转动惯量测定仪结构图

1-启动盘锁紧螺母 2-摆线调节锁紧螺栓 3-摆线调节旋钮 4-启动盘 5-摆线(其中一根线挡光计时) 6-悬盘 7-光电接收器 8-接收器支架 9-悬臂 10-悬臂锁紧螺栓 11-支杆 12-半导体激光器 13-调节脚 14-导轨 15-连接线 16-计数计时仪 17-小圆柱样品 18-圆盘样品 19-圆环样品 20-挡光标记

【注意事项】
(1) 切勿直视激光光源或将激光束直射入眼。
(2) 做完实验后, 要把样品放好, 不要划伤表面, 以免影响以后的实验。
(3) 移动接收器时, 请不要直接搬上面的支杆, 要拿住下面的小盒子移动。
(4) 启动盘及悬盘上各有平均分布的三只小孔, 实验时用于测量两悬点间距离。

【实验内容与步骤】

1. **调节三线摆** 将圆形水平仪放到旋臂上, 调节底板调节脚, 使其上盘(启动盘)水平。再将圆形水平仪放至悬盘中心，调节摆线锁紧螺栓和摆线调节旋钮，使下悬盘水平。

2. 调节激光器和计时仪

(1) 调节激光器使其和光电接收器在一个水平线上。然后可打开电源，将激光打到光电接收器的小孔上(即最佳位置)，计数计时仪右上角的低电平指示灯状态为暗。注意此时切勿直视激光光源。

(2) 再调整启动盘，使一根摆线靠近激光束 (此时也可轻轻旋转启动盘，使其在5°角内转动起来) 。

(3) 设置计时仪的预置次数 (20或者40，即半周期数)。

3. 测量下悬盘的转动惯量J_0

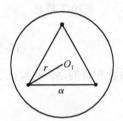

图10-4　测量下悬盘
的转动惯量J_0

(1) 按图10-4所示方法 $r = \dfrac{\sqrt{3}}{3}a$ 算出上下圆盘悬点到盘心的距离r和R，用游标卡尺测量悬盘的直径D_1。

(2) 用米尺测量上下圆盘之间的距离H。

(3) 测量悬盘的质量M_0。

(4) 测量下悬盘摆动周期T_0，为了尽可能消除下圆盘的扭转振动之外的运动，三线摆仪上圆盘A可方便地绕O_1O_2轴作水平转动。测量时，先使下圆盘静止，然后转动上圆盘，通过三条等长悬线的张力使下圆盘随着作单纯的扭转振动。轻轻旋转启动盘，使下悬盘作扭转摆动(摆角<5°)，记录10或20个周期的时间。

(5) 算出下悬盘的转动惯量J_0。

4. 测量悬盘加圆环的转动惯量J_1

(1) 在下悬盘上放上圆环并使它的中心对准悬盘中心。

(2) 测量悬盘加圆环的扭转摆动周期T_1。

(3) 测量并记录圆环质量M_1，圆环的内、外直径$D_内$和$D_外$。

(4) 算出悬盘加圆环的转动惯量J_1，圆环的转动惯量J_{M1}。

5. 测量悬盘加圆盘的转动惯量J_3　同上步骤4，可算出悬盘加圆盘的转动惯量J_3，圆盘的转动惯量J_{M3}。

6. 圆环和圆盘　质量接近，比较它们的转动惯量，得出质量分布与转动惯量的关系。将测得的悬盘、圆环、圆盘的转动惯量值分别与各自的理论值比较，算出百分误差。

7. 验证平行轴定理

(1) 将两个相同的圆柱体按照下悬盘上的刻线，对称的放在悬盘上，相距一定的距离$2d=D_槽-D_{小柱}$，如图10-2所示。

(2) 测量扭转摆动周期T_2。

(3) 测量圆柱体的直径$D_{小柱}$，悬盘上刻线直径$D_槽$及圆柱体的总质量$2M_2$。

(4) 算出两圆柱体质心离开O_1O_2轴距离均为d(即两圆柱体的质心间距为$2d$) 时，它们对于O_1O_2轴的转动惯量J_2'。

(5) 由公式 $J = \dfrac{1}{8}mD^2$ 算出单个小圆柱体处于轴线上并绕其转动的转动惯量J_2。

(6) 由式(10-5) $md^2 = \dfrac{J_2'}{2} - J_2$ 算出的d值和用长度器实测的d'值比较，算百分误差。

【实验数据与结果】　将测量数据填入表10-1~表10-3中：

表10-1 周期的测定

测量项目		悬盘质量M_0	圆环质量M_1	2圆柱体总质量$2M_2$	圆盘质量M_3
摆动周期数n		10	10	10	10
10周期时间 t(s)	1				
	2				
	3				
	4				
平均值 $\bar{t}$(s)					
平均周期$T_i = \bar{t}/n$		$T_0=$	$T_1=$	$T_2=$	$T_3=$

表10-2 上、下圆盘几何参数及其间距的测量

测量项目		D_1(cm)	H(cm)	a(cm)	b(cm)	$R = \dfrac{\sqrt{3}}{3}\bar{a}$ (cm)	$r = \dfrac{\sqrt{3}}{3}\bar{b}$ (cm)
次数	1						
	2						
	3						
平均值							

表10-3 圆环、圆柱体几何参数的测量

测量项目		$D_内$ (cm)	$D_外$(cm)	$D_{圆盘}$(cm)	$D_{小柱}$(cm)	$D_槽$(cm)	$2d = D_槽 - D_{小柱}$(cm)
次数	1						
	2						
	3						
平均值							

1. 将上面的数据代入式(10-2)中 求出悬盘、圆环、圆盘的转动惯量的实验值,再利用公式 $J = \dfrac{1}{8}mD^2$ 求出悬盘、圆环、圆盘的转动惯量的理论值。再进行误差分析得出结论。

2. 平行轴定理的验证 求出两圆柱体对于O_1O_2轴的转动惯量J_2',再求出单个小圆柱体处于轴线上并绕其转动的转动惯量J_2,利用式(10-5)算出实验d值,和理论实测值d'进行比较,再进行误差分析得出结论。

【思考题】

(1) 试分析式(10-1)成立的条件。实验中应如何保证待测物转轴始终和O_1O_2轴重合?

(2) 比较相同质量的圆盘和圆环绕同一转轴扭转的转动惯量,说明转动惯量与质量分布的关系。

(3) 将待测物体放到下圆盘(中心一致)测量转动惯量,其周期T一定比只有下圆盘时大吗?为什么?

(杨艳芳)

实验11 音叉的受迫振动与共振实验

【实验目的】

(1) 研究音叉振动系统在周期性外力作用下振幅与强迫力频率的关系,测量及绘制振动系统的共振曲线。

(2) 音叉共振频率与对称双臂质量关系曲线的测量。

(3) 通过测量共振频率的方法, 测量一对附在音叉固定位置上物块的质量。

【实验原理】

1. 简谐振动与阻尼振动　许多振动系统如弹簧振子的振动、单摆的振动、扭摆的振动等, 在振幅较小而且在空气阻尼可以忽视的情况下, 都可作简谐振动处理, 即此类振动满足简谐振动方程

$$\frac{\mathrm{d}^2 x}{\mathrm{d}t^2} + \omega_0^2 x = 0 \tag{11-1}$$

式(11-1)的解为

$$x = A\cos(\omega_0 t + \varphi) \tag{11-2}$$

式中, A 为系统振动最大振幅, ω_0 为圆频率, φ 为初相位。

对弹簧振子振动圆频率 $\omega_0 = \sqrt{\dfrac{K}{m + m_0}}$, K 为弹簧劲度, m 为振子的质量, m_0 为弹簧的等效质量。弹簧振子的周期 T 满足

$$T^2 = \frac{4\pi^2}{K}(m + m_0) \tag{11-3}$$

但实际的振动系统存在各种阻尼因素, 因此式(11-1)左边须增加阻尼项。在小阻尼情况下, 阻尼与速度成正比, 表示为 $2\beta\dfrac{\mathrm{d}x}{\mathrm{d}t}$, 则相应的阻尼振动方程为

$$\frac{\mathrm{d}^2 x}{\mathrm{d}t^2} + 2\beta\frac{\mathrm{d}x}{\mathrm{d}t} + \omega_0^2 x = 0 \tag{11-4}$$

式中 β 为阻尼系数。

2. 受迫振动与共振　阻尼振动的振幅随时间会衰减, 最后会停止振动, 为了使振动持续下去, 外界必须给系统一个周期性变化的力(一般采用的是随时间作正弦函数或余弦函数变化的力), 振动系统在周期性的外力作用下所发生的振动称为受迫振动, 这个周期性的外力称为策动力。假设策动力有简单的形式: $f = F_0\cos\omega t$, ω 为策动力的角频率, 此时, 振动系统的运动满足下列方程

$$\frac{\mathrm{d}^2 x}{\mathrm{d}t^2} + 2\beta\frac{\mathrm{d}x}{\mathrm{d}t} + \omega_0^2 x = \frac{F_0}{m'}\cos\omega t \tag{11-5}$$

式(11-5)中, m' 为振动系统的有效质量。式(11-5)为振动系统作受迫振动的方程, 它的解包括两项, 第一项为瞬态振动, 由于阻尼存在, 振动开始后振幅不断衰减, 最后较快地为零; 而后一项为稳态振动的解, 其为

$$x = A\cos(\omega t + \varphi)$$

式中

$$A = \frac{F_0}{m'\sqrt{(\omega_0^2 - \omega^2)^2 + 4\beta^2\omega^2}} \tag{11-6}$$

3. 共振　由式(11-6)可知, 稳态受迫振动的位移振幅随策动力的频率而改变, 当策动力的频率为某一特定值时, 振幅达到极大值, 此时称为共振。振幅达到极大值时的角频率为

$$\omega_\gamma = \sqrt{\omega_0^2 - 2\beta^2} \tag{11-7}$$

振幅最大值为

$$Ar = \frac{F_0}{2\beta m'\sqrt{\omega_0^2 - \beta^2}}$$

(11-8)

在阻尼很小($\beta \ll \omega_0$)的情况下,若策动力的频率近似等于振动系统的固有频率,振幅将达到极大值。显然,β越小,$A \sim \omega$关系曲线的极值越大。$A \sim \omega$关系如图11-1所示,描述曲线陡峭程度的物理量为锐度,其值等于品质因素

$$Q = \frac{\omega_0}{\omega_2 - \omega_1} = \frac{f_0}{f_2 - f_1}$$

(11-9)

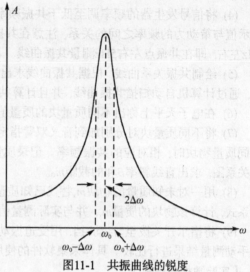

图11-1 共振曲线的锐度

4. 可调频率音叉的振动周期 一个可调频率音叉一旦起振,它将某一基频振动而无谐频振动。音叉的二臂是对称的,以至两臂的振动是完全反向的,从而在任一瞬间对中心杆都有等值反向的作用力。中心杆的净受力为零而不振动,从而紧紧握住它是不会引起振动衰减的。同样的道理音叉的两臂不能同向运动,因为同向运动将对中心杆产生震荡力,这个力将使振动很快衰减掉。

可以通过将相同质量的物块对称地加在两臂上来减小音叉的基频(音叉两臂所载的物块必须对称)。对于这种加载的:音叉的振动周期T由下式给出

$$T^2 = B(m + m_0)$$

(11-10)

其中B为常数,它依赖于音叉材料的力学性质、大小及形状,m_0为每个振动臂的有效质量有关的常数。利用式(11-6)可以制成各种音叉传感器,如液体密度传感器、液位传感器等。通过测量音叉的共振频率可求得音叉管内液体密度或液位高度。

【实验器材】 受迫振动与共振实验仪(频率计和信号发生器、交流电压表和信号采集系统)、音叉振动系统实验平台。

【注意事项】

(1) 电磁激振线圈和检测线圈外面有保护罩防护,使用者不可以将保护罩拆去,或用工具伸入保护罩,以免损坏引线。

(2) 注意每次加不同质量砝码时的位置一定要固定。

(3) 实验中所测量的共振曲线是在策动力恒定的条件下进行的,因此实验中手动测量共振曲线或者计算机自动测量共振曲线时,都要保持信号发生器的输出幅度不变。

【实验内容与步骤】

(1) 用Q9连接线将信号发生器的"输出"端与音叉共振平台上的"信号输入"相连,并将音叉共振平台上的另一个"信号输入"与信号采集系统上的"起振信号"相连。

(2) 用Q9连接线将音叉共振平台上的一个"信号输出"与信号采集系统上的"共振信号"相连,并用串口连接线将信号采集系统中的"串口输出"与计算机上的串口相连。接通控制主机的电源,使仪器预热15分钟。

(3) 将"频率计"下的指示开关拨至"手动"挡,调节信号发生器的输出信号频率(有"频率粗调"和"频率细调"两个电位器,实验时结合起来用,偏离共振频率时用粗调,接近共振点时用细调),由低到高缓慢调节(音叉共振频率参考值约为250Hz左右),仔细观察交流数字电压表的读

数, 当交流电压表读数达最大值时, 记录音叉共振时的频率, 这样可以粗略找出音叉的共振频率。

(4) 将信号发生器的频率调至低于共振频率约5Hz, 然后频率由低到高, 测量交流数字电压表示值与策动力的频率之间的关系, 注意在共振频率附近应多测几点, 直至测量至共振点以上5Hz左右, 即在共振点左右5Hz测量共振曲线。

(5) 绘制共振关系曲线, 根据共振曲线求出音叉的共振频率。也可以将指示开关拨至"自动"挡, 通过计算机自动扫描共振曲线, 并且计算共振频率和共振曲线的锐度。

(6) 在电子天平上称出不同质量块的质量值, 记录测量结果。

(7) 将不同质量块对分别加到音叉双臂指定的位置上, 并用螺丝旋紧。测出音叉双臂对称加相同质量物块时, 相对应的共振频率。记录质量和共振频率关系数据。作质量m与周期平方T^2的关系图, 求出直线斜率B和的截距m_0。

(8) 用一对未知质量的物块m_x替代已知质量物块, 测出音叉的共振频率f_x, 根据上面拟合的关系式, 计算该物块的质量m_x, 并与实际测量值进行比较。

(9) 将指示开关拨至"自动"挡, 用受迫振动与共振实验软件通过计算机实时测量上面实验, 与手动测量结果进行比较。具体采集软件的使用方法见该软件的电子版使用说明。

【实验数据与结果】

1. 共振曲线的测量   将测量得到音叉驱动力频率f与交流数字电压表读数U值填入表11-1中。

表11-1 音叉动力频率与交流电压表读数测量数据

f(Hz)									
U(V)									
f(Hz)									
U(V)									
f(Hz)									
U(V)									

作音叉共振曲线, 通过共振曲线找出音叉的共振频率值(共振频率约237Hz)。

2. 音叉的共振频率与双臂质量的关系测量   研究音叉的共振频率与双臂质量的关系, 逐次在音叉双臂上指定位置上(有标记线)加质量已知的金属块, 调节信号发生器的输出信号频率, 观测交流电压表读数, 测量其共振频率, 数据记录见表11-2。

表11-2 共振频率与与音叉双臂上金属块的质量之间的关系

M(g)
f(Hz)
$T^2 \times 10^5$(s^2)

根据表11-2做图音叉共振频率与双臂所加金属块质量的关系曲线。

应用受迫振动与共振实验软件可以通过计算机实时测量并进行数据处理, 这样可以与手动测量进行对比。可以进一步计算机实时测量的特点, 具体操作可以参考软件上的帮助说明。

【思考题】

(1) 实验中策动力的频率为200Hz时, 音叉臂的振动频率为多少?

(2) 实验中在音叉臂上加砝码时，为什么每次加砝码的位置要固定？

(张艳洁)

实验12　人耳听阈曲线的测量

【实验目的】

(1) 掌握声学中声强、声强级、响度级和听阈曲线等物理概念。

(2) 熟悉人耳听觉听阈测量实验仪的使用方法，测定人耳的听阈曲线。

【实验原理】

1. 声强级　频率范围在20~20 000Hz的机械波可以引起人耳的听觉，称为声波。描述声波能量的大小常用声强和声强级两个物理量。声强是单位时间内通过垂直于声波传播方向单位面积的声波能量，用I表示；声强级是采用对数标度来量度声强在主观感觉的大小，用L表示。两者的关系为：

$$L = \lg \frac{I}{I_0}(\mathrm{B}) = 10\lg \frac{I}{I_0}(\mathrm{dB}) \tag{12-1}$$

式中$I_0 = 10^{-12}\mathrm{W \cdot m^{-2}}$，是规定的标准参考声强。

2. 响度级　人耳对声音强弱的主观感觉称为响度。声强级相同但频率不同的声波，它们的响度可以差别很大，为了区分各种不同声音响度的大小，把不同的响度分成若干个等级，称为响度级，单位是方(Phon)，即选取频率为1000Hz声音纯音的响度级与它的声强级相等(注意单位不相同)，并把其响度级作为基准声音，其他频率声音的响度与此基准声音相比较，只要它们的响度相同，它们就有相同的响度级。例如：频率为100Hz、声强级为72dB的声音与1000Hz、60dB的基准声音等响，则100Hz、72dB的声音的响度级为60方。

3. 听阈曲线　把频率不同、响度级相同的各对应点连成的曲线称为等响曲线。能引起听觉的最小声强称为听阈，对不同频率的声波听阈不同，听阈与不同频率的关系曲线称为听阈曲线，听阈曲线即为响度级为0方的等响曲线。当声强超过某一最大值时，声音在人耳中会引起痛觉，这个最大声强称为痛阈，对于不同频率的声波痛阈也不同，痛阈与不同频率的关系曲线称为痛阈曲线，痛阈曲线即为响度级为120方的等响曲线。引起人耳听觉的声音是由听阈曲线和痛阈曲线、20Hz和20 000Hz之间的范围称为听觉区域。图12-1表示了正常人纯音的听觉区域和等响曲线。

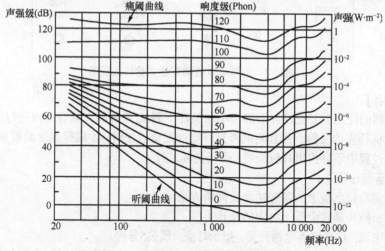

图12-1　纯音的听觉区域和等响曲线

在临床上常用听力计测定患者对各种频率声音的听阈值，与正常人在相应频率时的听阈值进行比较，借以诊断患者的听力是否正常。本实验利用听觉听阈测量实验仪来测定人耳的听阈曲线。

【实验器材描述】 人耳听觉听阈测量实验仪，由专用信号发生器、音频放大器和全频带耳机组成。信号发生器可经键控产生20~20000Hz内的任意频率的正弦信号，其分辨率为1Hz，经功率放大器使正弦信号功率增大。调节衰减旋钮(含粗调和细调)可改变正弦信号的功率，把信号送到耳机，便可得到不同分贝衰减的声强级声音，衰减越多，声音越小。通过改变频率和衰减器的衰减量就可以分别测量不同人耳(左或右)对不同频率纯音的听阈值。实验仪原理方框图如图12-2所示。

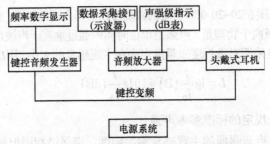

图12-2 人耳听觉听阈测量实验仪原理方框图

人耳听觉听阈测量实验仪面板排列如图12-3所示。复位键设定的复位(初始)频率为1000Hz；选位键是用来选择声音频率的，频率数字显示有5位，能按次序分别选中其中 位进行修改，修改时需按+1键来改变显示的数字(0~9)，修改完毕后，按确认键才能输出有效频率。

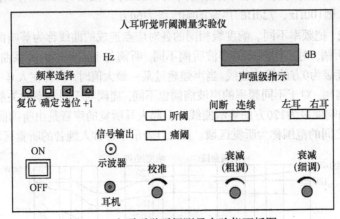

图12-3 人耳听觉听阈测量实验仪面板图

【注意事项】

(1) 本仪器的使用需要在外界干扰很小的条件下测试(最好能在隔音室内进行)，如果在实验室内，应注意保持室内安静。而且测试者只有精神完全放松时，才能得到准确可靠的结果。

(2) 实验过程中不许拔出耳机插线，否则烧坏芯片。

【实验内容与步骤】

(1) 熟悉实验仪面板上的各键功能及使用方法。

(2) 将耳机插头插入面板上对应的插孔。

(3) 接通电源，打开仪器电源开关，指示灯亮，预热5分钟。

(4) 测试者按照耳机上左右的标记戴上耳机，然后背向主试人和仪器(或各人自行测试)。

(5) 测定人耳听阈值。

1) 选择听阈、痛阈按钮，按下听阈按键。选择左耳、右耳按钮，可先按下"左耳"按键进行测试。选择"间断"或"连续"声响，按下相应一方按键，可有效判别听阈值左、右的声响。

2) 仪器初始频率为1000Hz，选择"连续"声响按键，调节"衰减"旋钮，先粗调后再细调，使声强级指示为0dB。然后调节"校准"旋钮，使测试者刚好听到1000Hz的声音，即听阈测量，应注意，在整个听阈测量过程中，"校准"旋钮不能再调节。

3) 选定一个测量频率，先用渐增法测定：将衰减旋钮调至听不到声音，然后开始逐渐减小衰减量(增强声响)，可交替调节"粗调"与"细调"旋钮，当测试者刚听到声音时，举手示意即可，主试人(或自己)停止减小衰减量，此时的声强级即为测试者在此频率的听阈值，用衰减分贝数L_1表示，用"连续"或"间断"声响分别测。

4) 同一频率再用渐减法测定：步骤基本同3)，即将衰减旋钮先调至到测试者听到声音处，然后开始逐渐增大衰减量，直到测试者刚好听不到声音时为止，这样，就得到一个用渐减法测到的同一频率声音的听阈值，用衰减分贝数L_2表示。

5) 记录用两种方法测得的听阈值L_1、L_2及听阈平均值$\overline{L}$，令$\overline{L} = (L_1 + L_2)/2$，并将其填入表12-1中。

6) 改变频率，分别对64Hz、128Hz、256Hz…9个不同的频率进行测量，这样就可以得到左耳9个点的听阈平均值，用同样方法也可测出右耳在不同频率下的听阈平均值。

(6) 听阈曲线的绘制：为缩小频率的变化范围，以频率的常用对数$\lg \nu$值为横坐标(并分别注明测试点的频率值)，以声强级值为纵坐标，然后用上面所得数据定点，连成的曲线便为听阈曲线。分别作出左耳与右耳两条听阈曲线。

(7) 关闭电源开关，整理实验仪器。

【实验数据与结果】　将实验测得的数据记入表12-1中。

表12-1　不同频率下人耳听阈数值

ν(Hz)	64	128	256	512	1k	2k	4k	8k	16k
$\lg \nu$	1.81	2.11	2.41	2.71	3.00	3.30	3.60	3.90	4.20
L_1(dB)									
L_2(dB)									
$\overline{L} = (L_1 + L_2)/2$(dB)									

【思考题】

(1) 为什么用L_1和L_2的平均值计算$\overline{L}$值？

(2) 如何用测听阈曲线的方法测等响曲线？

（张　凡）

实验13　模拟法静电场的描绘

【实验目的】

(1) 学习用模拟法测绘静电场的原理和方法。

(2) 通过对静电场分布的描绘，加深对电场线和等势面(或线)之间关系的认识。

【实验原理】　为了克服直接测量静电场的困难，可以仿造一个与待测静电场分布完全一样的稳恒电流场，用容易直接测量的稳恒电流场去模拟静电场，这种实验方法称为模拟法。因为静电场与稳恒电流场尽管性质不同，但所遵循的物理规律却有完全相同的数学形式。因而我们就可用相应的在导电介质中分布的电流场来模拟相应电介质中的静电场，当静电场中的导体与稳恒电流场中的电极形状相同，并且边界条件相同时，静电场在介质中的电势分布与稳恒电流场在介质中的电势分布完全相同。同时，由于稳恒电流场中各点的电位均可用普通的电压表测量，所以用稳恒电流场模拟静电场，是研究静电场的一种最简单的方法，这是本实验的模拟依据。

为了在实验中实现模拟，稳恒电流场和被模拟的静电场的边界条件应该相同或相似，这就要求在模拟实验中用形状和所放位置均相同的良导体来模拟产生静电场的带电导体，如图13-1所示。

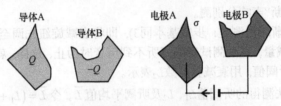

图13-1 静电场和稳恒电流场的比较

因为静电场中带电导体上的电量是恒定的，相应的模拟电流场的两电极间的电压也应该是恒定的。用电流场中的导电介质(不良导体)来模拟静电场中的电介质，如果模拟的是真空(空气)中的静电场，则电流场中的导电介质必须是均匀介质，即导电率必须处处相等。由于静电场中带电导体表面是等位面，导体表面附近的场强(或电力线)与表面垂直，这就要求电流场中的电极(良导体)表面也是等电位的，这只有在电极(良导体)的电导率远大于导电介质(不良导体)的电导率时才能保证，所以导电介质的电导率不宜过大。

1. 无限长带电同轴圆柱体导体中间的静电场分布 如图13-2(a)所示，真空中有一无限长圆柱体A和无限长圆柱体壳B同轴放置(均为导体)，分别带有等量异号电荷。由静电学可知，在A、B间产生的静电场中，等位面是一系列同轴圆柱面，电力线则是一些沿径向分布的直线。图13-2(b)是在垂直于轴线的任一截面S内的圆形等位线与径向电力线的分布示意图。由理论计算可知，在距离轴线距离为r的一点处的电位是

$$V_r = V_1 \frac{\ln \dfrac{R_B}{r}}{\ln \dfrac{R_B}{R_A}} \tag{13-1}$$

式中，V_1为导体A的电位；导体B的电位为零(接地)。距中心r处的场强为

$$E_r = -\frac{dV_r}{dr} = \frac{V_1}{\ln \dfrac{R_B}{R_A}} \cdot \frac{1}{r} \tag{13-2}$$

式中负号表示场强方向指向电势降落方向。

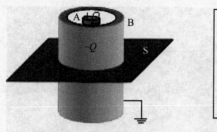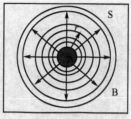

(a) 无限长圆柱体   (b) 电力线的分布

图13-2　无限长带电同轴圆柱导体中间的电场分布

2. 模拟电流场分布　在无限长同轴圆柱体中间充以导电率很小的导电介质，且在内外圆柱间加电压V_1，让外圆柱体接地，使其电位为零，此时通过导电介质的电流为稳恒电流。导电介质中的电流场即可作为上述静电场的模拟场，如图13-3所示。

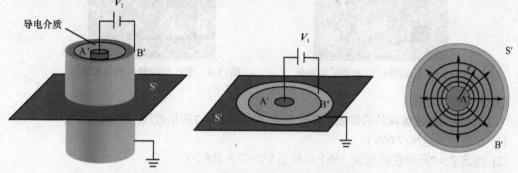

图13-3　无限长带电同轴圆柱导体中间的电场分布

由于无限长带电同轴圆柱体的电力线在垂直于圆柱体的平面内，模拟电流场的电力线也在同一平面内，且其分布与轴线的位置无关。因此，可以把三维空间的电场问题简化为二维平面问题，即只研究一个导电介质在一个平面上的电流线分布即可。

理论计算可以证明，电流场中S'面的电位分布V_r'与原真空中的静电场的电力线平面S的电位分布V_r是完全相同的，导电介质中的电场强度E_r'与原真空中的静电场的电场强度E_r也是完全相同的，即

$$V_r' = V_1 \frac{\ln \dfrac{R_B}{r}}{\ln \dfrac{R_B}{R_A}} = V_r \tag{13-3}$$

则E_r'

$$E_r' = -\frac{dV_r}{dr} = \frac{V_1}{\ln \dfrac{R_B}{R_A}} \cdot \frac{1}{r} = E_r \tag{13-4}$$

由以上分析可见，V_r与V_r'，E_r与E_r'的分布函数完全相同。

【实验器材描述】　静电场描绘实验仪。实验装置的如图13-4所示。

静电场模拟装置1如图13-5所示，用于模拟无限长带电同轴圆柱体导体中的电场分布。刻有坐标的导电玻璃基底上中间是一半径为1.00cm的圆状电极，周围是内径为8.00cm的同心圆环状电极。静电场模拟装置2如图13-6所示，用于模拟两平行导线间的电场分布。

图13-4　静电场描绘实验仪

图13-5　同轴圆柱静电场模拟装置

图13-6　平行导线静电场模拟装置

【实验内容与步骤】

1. 测绘同轴圆柱体间的等位线并画出电力线　按图13-7所示接线, 实验步骤为:

(1) 校准电源电压(7.00V)。

(2) 测出表9-2所要求的电位, 每个电位至少均匀测量8个点。

(3) 按作图要求画出电场分布图。

(4) 测量每条等位线的半径, 填写数据表格并计算(注意有效数字)。

2. 测绘两平行导线间的电场分布　按图13-8所示接线, 实验步骤为:

(1) 校准电源电压(7.00V)。

(2) 测量出导电板表面分别为0, 30, 60, -30, -60cm处的电位值并标在坐标纸上, 每条等位线不少于8个均匀测量点。

(3) 按作图要求画出电场分布。

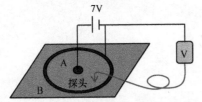

图13-7　测绘同轴圆柱体间电场分布电路图

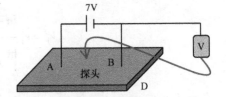

图13-8　测绘两平行导线的电场分布电路图

【实验数据与结果】　同轴圆柱体电场分布见表13-1。

表13-1　同轴圆柱体电场分布 (V_1=7.00V)

$V_{r实}$（V）	5.00	4.00	3.00	2.00	1.00
r(cm)					
$\ln(R_B/r)$					
$V_{r理}$(V)					
$E_r=(V_{r测}-V_{r实})/V_{r理}$					

$$\overline{R_A} = 1.00\text{cm} \qquad \overline{R_B} = 8.00\text{cm} \qquad V_{r\text{理}} = \frac{V_1}{\ln\dfrac{R_B}{R_A}} \cdot \ln\frac{R_B}{r}$$

【思考题】

(1) 为什么可以用稳恒的电流场模拟静电场? 模拟的条件是什么?

(2) 能否根据所描绘的等位线簇计算其中某点的电场强度, 为什么?

(3) 若将实验中使用的电源电压加倍或减半, 测得的等位线和电力线形状是否变化?

(高 杨)

实验14 电流计的改装与校正

【实验目的】

(1) 学会用实验的方法测定电流计的内阻。

(2) 通过对给定的电流计扩展其电力和电压的量程, 掌握电流计扩大量程的方法。

(3) 培养学生独立设计实验的能力。

【实验原理】 电流计(表头)只允许通过微安量级的电流, 一般只能测量很小的电流与电压, 若用它来测量较大的电流和电压, 就必须进行改装, 各种多量程表(包括万用表)就是利用这种方法制成的。

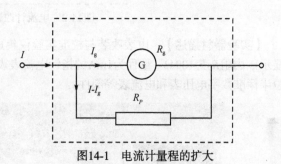

图14-1 电流计量程的扩大

1. 电流计的量程 实验室用的电流计大部分是磁电式电表 (指针偏转的角度与通过的电流成正比), 其偏转的角度是有限的, 最大偏转角对应的电流值就是该电流计的量程I_g。

2. 电流计量程的扩大 欲测量超过其量程的电流, 就必须扩大其量程。方法是在电流计的两端并联一个分流电阻R_p, 如图14-1所示。图中虚线框内电流计和电阻R_p组成了一个新的电流表。

设改装后表的量程为I, 则当流入电流为I时, 由于通过电流计的电流为I_g, 所以流过R_p的电流为$I-I_g$。由于

$$U_g = I_g \cdot R_g \tag{14-1}$$

R_g是电流计的内阻, 则

$$R_p = \frac{I_g}{I - I_g} R_g \tag{14-2}$$

令 $\dfrac{I}{I_g} = n$, 称为量程扩大的倍数, 则分流电阻R_p为

$$R_p = \frac{1}{n-1} R_g \tag{14-3}$$

当表头规格I_g、R_g测出后, 根据要扩大量程的倍数, 即可算出R_p。同一电流计并联不同的分流电阻R_p, 就可以得到不同量程的电流表。

3. 电流计改装成伏特表 电流计的满刻度电压也很小, 一般为零点几伏。若要用它测量较大的电压, 需在表头上串联分压电阻 R_s, 如图14-2所示。虚线框中的电表和分压电阻 R_s 组成了一个量程为 U 的电压表。由于

$$U = U_g + U_s = I_g \cdot R_g + I_g \cdot R_s \tag{14-4}$$

所以

$$R_s = \frac{U}{I_g} R_g \tag{14-5}$$

只要测出 I_g、R_s 的值, 即可根据所需扩大的伏特表量程, 由式(14-5)求出应串联的电阻。同一电流计串联不同的分压电阻 R_s 就可得到不同量程的电压表。

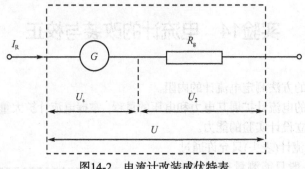

图14-2　电流计改装成伏特表

【实验器材描述】 电表改装与校准实验仪集成了 $0 \sim 1.999V$ 可调直流稳压源 (三位半位数显示), 内阻 R_g 为 100Ω、量程为 $1mA$ 的指针电流表表头, 量程 $0 \sim 9999.9\Omega$ 可变电阻箱, 校准用三位半标准数字电压表和电流表等部件。

图14-3　实验仪面板结构图

1. 结构 实验仪面板结构如图14-3所示, 实验仪主要集成了三位半标准数字电压表、三位半标准数字电流表, 用于对改装后的电流表和电压表进行校准。模拟电流计表头, 读数方便。提供一个量程 $0 \sim 9999.9\Omega$ 可变电阻箱 R_2, 在被改装表用内阻大约为 100Ω, 100等分, 精度等级为

1.0级的指针式大面板改装电流表和电压表的实验中, 供测量电流计G的内阻R_g, 学生可以将它与被改装表头串并联以人为改变表头内阻, 在改装欧姆表实验中, 作为可变外接电阻。另外提供可调直流稳压源, 输出从0～1.999V可调, 31/2位数字显示, 读数方便。470Ω可调电阻R_w在改装电流表和电压表实验中, 作为可变外接电阻用来调零。750Ω电阻R_1与上述470Ω可调电阻一起用于把电流计表头改装为串接式和并接式欧姆表。

2. 技术指标　可调直流稳压源: 0～1.999V输出可调, 3位半数字显示。被改装指针电流计表头: 量程1mA, 内阻R_g为100Ω。470Ω可调电阻: 可变外接电阻, 用于把电流表头改装为串接式和并接式欧姆表, 用来调零。750Ω电阻: 与上述470Ω可调电阻一起用于把电流表头改装为串接式和并接式欧姆表。可变电阻箱: 量程0～9999.9Ω。校准用标准数字电压表: 量程0～1.999V, 三位半数字显示, 精度1.0级。校准用标准数字电流表: 量程0～19.99mA, 三位半数字显示, 精度1.0级。

【注意事项】

(1) 注意表的正、负极, 不要接错。

(2) 接好电路后, 需经老师检查, 合格者方可接通电源。

(3) 按实验设计内容的要求独立设计实验、绘制实验线路图并写出详细的计算过程与结论。

【实验内容与步骤】

(1) 测定电流计的内阻: 电流计改装或扩大量程时, 需要知道电流计的两个参数I_g、R_g。I_g可以由电流计的表盘上读出, R_g则需要测出。测量R_g的方法很多, 本实验介绍其中的一种方法——替代法, 其电路如图14-4所示。将被测电流计接在电路中读取标准表的电流值, 然后切换开关S的位置, 用十进位电阻箱替代它, 并改变电阻R_2值, 当电路中的电压不变时, 使流过标准表的电流保持不变。则电阻箱的电阻值即为被测改装电流计的内阻。

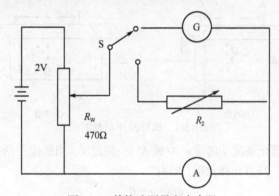

图14-4　替换法测量电表内阻

(2) 设计制作量程为5.0mA和50.0mA两量程电流表。

(3) 设计制作量程为5.0V和10.0V两量程电压表。

【实验数据与结果】

(1) 自己独立设计实验, 画出实验原理图, 并设计实验步骤。

(2) 对实验结果进行详细讨论与分析。

【思考题】

(1) 扩大量程的方法和条件是什么?

(2) 缩小电流计的量程?

(3) 如何校准刻度?

(周志尊)

实验15　霍尔效应及其应用

【实验目的】
(1) 掌握霍尔效应原理及霍尔元件的应用。
(2) 学习用"对称测量法"消除副效应的影响，测量试样的霍尔系数。
(3) 确定试样的导电类型，计算试样的载流子浓度。

【实验原理】
置于磁场中的载流体，如果电流方向与磁场方向垂直，则在垂直于电流和磁场的方向上会产生一附加的横向电场，这个现象称为霍尔效应。霍尔效应是测量半导体材料电学参数的主要手段。

霍尔效应是运动的带电粒子在磁场中受到洛伦兹力作用而引起的。如图15-1所示，将一块宽为b，长为l，厚为d的N型(载流子为负电荷)半导体试样薄片放在垂直于他的外加磁场B(z轴)中，在薄片中沿x轴方向通以电流I_s，则薄片中作定向运动的载流子在y轴方向将受到洛伦兹力的作用。即

$$F_m = q \upsilon B \tag{15-1}$$

式中q为载流子的电量，υ是载流子在电流方向上的平均漂移速度。在洛伦兹力的作用下载流子将向A(或A′)一侧运动，从而在试样A、A′两侧开始聚集等量异号电荷，由此产生附加电场——霍尔电场E_H。电场的指向取决于试样的导电类型。对N型试样(负电荷导电)，霍尔电场沿y轴负方向，P型试样(正电荷导电)则沿y轴方向。

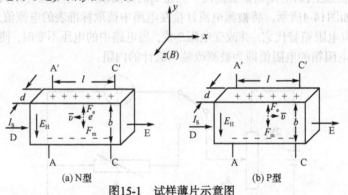

图15-1　试样薄片示意图

显然，霍尔电场将阻止载流子继续向A(或A′)一侧运动，当载流子所受的横向电场力qE_H和洛伦兹力$q\upsilon B$大小相等，且方向相反时，则有

$$qE_H = q\upsilon B \tag{15-2}$$

此时，样品A、A′两侧电荷的积累达到平衡。上式可写成：

$$E_H = \upsilon B \tag{15-3}$$

由于电场的存在，使A、A′两侧之间产生一个恒定的电势差U_H，U_H称为霍尔电压，U_H与E_H的关系为：

$$U_H = bE_H$$

式中b为薄片宽度，将式(15-3)代入上式得

$$U_H = b\upsilon B \tag{15-4}$$

若载流子浓度为n，薄片的厚度为d，则电流强度$I_s = nq\upsilon bd$，代入式(15-4)可得：

$$U_H = \frac{I_s}{nqd}B = R_H \frac{I_s}{d}B = K_H I_s B \tag{15-5}$$

即霍尔电压U_H (A、A′电极之间的电压)与电流强度I_s和磁感应强度B成正比，与薄片厚度d

成反比。比例系数 $R_H = \dfrac{1}{nq}$ 称为霍尔系数, 单位是立方米每库仑 $(m^3 \cdot C^{-1})$, $K_H = \dfrac{1}{nqd}$ 称为霍尔灵敏度。通过式(15-5)可得出如下结论:

(1) 霍尔系数: 霍尔系数 $R_H = \dfrac{1}{nq}$, 它是反映材料霍尔效应强弱的重要参数, 只要测出霍尔电压 $U_H(V)$, 电流强度 $I_s(A)$, 磁感应强度 $B(T)$ 和试样厚度 $d(m)$, 则可按下式计算霍尔系数:

$$R_H = \frac{U_H d}{I_s B} \tag{15-6}$$

由 R_H 的符号(或霍尔电压的正、负)可判断试样的导电类型。若 $U_H = U_{AA'} < 0$, 即点 A 的电位低于点 A' 的电位, 即 R_H 为负, 说明载流子为负电荷, 样品属N型半导体, 反之则为P型半导体。

(2) 载流子浓度: 根据霍尔系数 R_H, 可求出试样的载流子浓度:

$$n = \frac{1}{qR_H} = \frac{I_s B}{qU_H d} \tag{15-7}$$

(3)霍尔灵敏度: $K_H = \dfrac{1}{nqd} = \dfrac{U_H}{I_s B}$, 定义为霍尔元件通过单位电流在磁感应强度为1特斯拉的作用下所输出的霍尔电压。对于确定的样品, 它是一个常数。如果 I_s 保持不变, 可通过测定霍尔电压来测磁场 B。

在实际测量时, 实验测得的A、A′两电极之间的电压并不等于真实的 U_H 值, 而是包含着多种负效应引起的附加电压, 因此必须设法消除。本实验采用电流和磁场换向的对称测量法, 基本上能够把负效应的影响从测量的结果中消除。具体的做法是保持 I_s 和 B 的大小不变, 设定 I_s 和 B 的正方向, 依次测量下列四组不同方向组合的A、A′两点之间的电势差 U_1、U_2、U_3 和 U_4, 即

$$U_1(+I_s \ +B) \qquad U_2(+I_s \ -B) \qquad U_3(-I_s \ -B) \qquad U_4(-I_s \ +B)$$

然后求 U_1、U_2、U_3 和 U_4 的代数平均值, 可得:

$$U_H = \frac{U_1 - U_2 + U_3 - U_4}{4}$$

可见, 用霍尔效应法测量磁场时, 霍尔电压值应在不同条件下将测量四次的结果求代数和再取平均值才较为准确。

【实验器材】 霍尔效应实验仪、导线等。

【注意事项】

(1) 仪器出厂前, 霍尔片已调至电磁铁中心位置固定, 实验中禁止用手调节! 霍尔片性脆易碎、电极甚细易断, 严禁碰撞及触摸。

(2) I_s 和 I_M(励磁电流)一定要对应相接, 接触时要按手柄部分。

(3) 数字电压表应避免超量程使用, 及时断开双刀双掷切换开关。

(4) 实验中有异常情况, 应马上报告指导老师, 严禁擅自处理。

【实验内容与步骤】

1. 测量霍尔系数 R_H

(1) 按图15-2连接测试仪和实验仪之间相应的 I_s、U_H/ U_σ 和 I_M 各组连线(其中 I_M 为流经用来产生磁场的电磁线圈中的电流, 称为励磁电流。B 的大小与励磁电流 I_M 的大小成正比, 即 $B=kI_M$, B 的大小与 I_M 的关系由厂家给定并标注在实验仪上。)。测试仪的"I_s 输出"接实验仪的"I_s 输入", 测试仪的"I_M 输出"接实验仪的"I_M 输入", 并将 I_s 及 I_M 双刀双掷切换开关掷向任意一侧。由于励磁电流 I_M 要远大于 I_s, 故连线时一定要对应连接, 确保正确! 励磁电流 I_M 切换开关只要轻轻闭合应可达到实验要求, 紧密闭合时容易产生电火花。由于励磁电流 I_M 较大, 当切换开关换向时一定要接

触绝缘手柄部分, 不可碰金属部分, 保证实验者安全。I_S及I_M切换开关投向上方, 表明I_S及I_M均为正值(即I_S沿x轴方向, B沿z轴方向), 反之为负值。

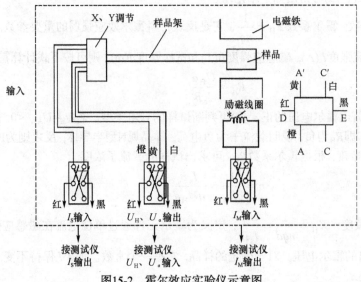

图15-2 霍尔效应实验仪示意图

注意: 连线时严禁将测试仪的励磁电源"I_M输出"误接到实验仪的"I_S输入"或"U_H/U_σ输出"处, 否则一旦通电, 霍尔器件即遭损坏!

(2) 为了准确测量, 先对测试仪的数字电压表进行校零, 即将测试仪的"I_S调节"和"I_M调节"旋钮均置零位, 待开机数分钟后若U_H显示不为零, 可通过面板左下方小孔的"调零"电位器实现调零。数字电压表应避免超量程使用, 如果示数超量程, 应马上断开切换开关。

(3) 将实验仪的"U_H/U_σ"切换开关投向U_H侧, 测试仪的"功能切换"置于U_H; 保持I_M=0.6A不变, 切换双刀双掷I_S及I_M投向方向(改变他们的正负值), 再改变I_S, 测量相应的U_H值, 记入表15-1中, 试样薄片厚度d为0.5mm, 根据式(15-6)计算霍尔系数值R_H。

表15-1 I_S取不同值测得的霍尔电压(I_M=0.6A)

I_S(mA)	U_1(mV) $+I_S$ $+B$	U_2(mV) $+I_S$ $-B$	U_3(mV) $-I_S$ $-B$	U_4(mV) $-I_S$ $+B$	$U_H = \dfrac{U_1 - U_2 + U_3 - U_4}{4}$ (mV)	$R_H(\text{m}^3 \cdot \text{C}^{-1})$
1.00						
1.50						
2.00						
2.50						
3.00						
4.00						

(4) 保持I_S=3.00mA不变, 切换双刀双掷I_S及I_M投向方向(改变他们的正负值), 再改变I_M, 测量相应的U_H值, 记入表15-2中, 计算相应的霍尔系数值R_H。

I_s(mA)	U_1(mV)	U_2(mV)	U_3(mV)	U_4(mV)	$U_H = \dfrac{U_1 - U_2 + U_3 - U_4}{4}$(mV)	$R_H(\mathrm{m^3 \cdot C^{-1}})$
	$+I_s$　$+B$	$+I_s$　$-B$	$-I_s$　$-B$	$-I_s$　$+B$		
0.300						
0.400						
0.500						
0.600						
0.700						
0.800						

(5) 计算霍尔系数值的平均值 $\overline{R_H}$。

2. 确定试样的导电类型，计算试样中的载流子浓度

(1) 测量零磁场下的霍尔电压 U_σ 值: 将实验仪的"U_H/U_σ"切换开关投向 U_σ 侧，测试仪的"功能切换"置于 U_σ。在零磁场(I_M=0.000A)的情况下，取 I_s=2.00mA，测量 U_σ 并记录。

(2) 将实验仪三组双刀双掷开关均投向上方，此时，如图15-1，I_s 沿 x 轴方向，B 沿 z 轴方向，毫伏表测量电压为 $U_{AA'}$。取 I_s=2.00mA，I_M=0.600mA，测量 U_H 的极性，由此判断试样的导电类型。

(3) 根据式(15-7)计算试样薄片中的载流子浓度 n(式中 R_H 为 $\overline{R_H}$)。

【思考题】

(1) 如已知霍尔样品的工作电位 I_s 及磁感应强度 B 的方向，如何判断样品的导电类型？

(2) 在什么样的条件下会产生霍尔电压，它的方向与哪些因素有关？

(李明珠)

实验16　毕奥-萨伐尔定律的综合实验研究

【实验目的】

(1) 测定直导体和圆形导体环路激发的磁感应强度与导体电流的关系。

(2) 测定直导体激发的磁感应强度与距导体轴线距离的关系。

(3) 测定圆形导体环路导体激发的磁感应强度与环路半径以及距环路距离的关系。

【实验原理】 根据毕奥-萨伐尔定律，导体所载电流强度为 I 时，在空间 P 点处，由导体电流元 Idl 产生的磁感应强度 dB 的大小为

$$dB = \frac{\mu_0}{4\pi} \cdot \frac{Idl\sin\theta}{r^2}. \tag{16-1}$$

式中 $\mu_0 = 4\pi \times 10^{-7}\mathrm{T \cdot m \cdot A^{-1}}$，为真空磁导率。$d\vec{B}$ 的方向垂直于 $Id\vec{l}$ 与 $\vec{r}$ 所构成的平面，且 $Id\vec{l}$、$\vec{r}$ 和 $d\vec{B}$ 三者的方向满足右手螺旋法则，即右手四指从电流元 $Id\vec{l}$ 方向经小于 π 的角转向 $\vec{r}$ 方向，则伸直拇指所指方向即为 $d\vec{B}$ 的方向，如图16-1所示。

毕奥-萨伐尔定律的矢量表达式为

$$d\vec{B} = \frac{\mu_0}{4\pi} \frac{Id\vec{l} \times \vec{r_0}}{r^2}$$

其中 $\vec{r_0}$ 表示电流元 $Id\vec{l}$ 到 P 点的单位矢径。

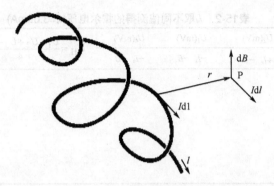

图16-1　电流元在空间P点所激发的磁感应强度

计算总磁感应强度意味着积分运算。只有当导体具有确定的几何形状，才能得到相应的解析解。例如：一根无限长导体，在距轴线r_0的空间产生的磁场为

$$B = \frac{\mu_0 I}{2\pi r_0} \tag{16-2}$$

其磁感应线为同轴圆柱状分布，如图16-2所示。

半径为R的圆形导体回路在沿圆环轴线距圆心x处产生的磁场为

$$B = \frac{\mu_0 I R^2}{2\left(r_0^2 + R^2\right)^{3/2}} \tag{16-3}$$

其磁感应线平行于轴线，如图16-3所示。

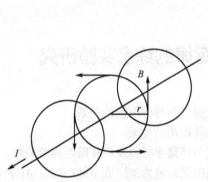

图16-2　无限长导体激发的磁场

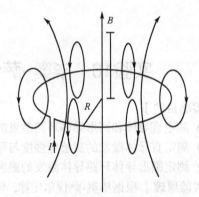

图16-3　圆形导体回路激发的磁场

本实验中，上述导体产生的磁场将分别利用轴向以及切向磁感应强度探测器来测量。磁感应强度探测器件非常薄，对于垂直其表面的磁场分量响应非常灵敏。因此，不仅可以测量出磁场的大小，也可以测量其方向。对于直导体，实验测定了磁感应强度B与距离r之间的关系；对于圆形环导体，测定了磁感应强度B与轴向坐标x之间的关系。另外实验还验证了磁感应强度B与电流强度I之间的关系。

【实验器材描述】

1. **仪器结构**　毕-萨实验仪由实验仪主机、电流源、待测圆环、待测直导线、黑色铝合金槽式导轨及支架组成，如图16-4所示。该实验仪有清零功能，可以消除地磁场影响。

图16-4 毕-萨实验仪结构

2. 使用方法

(1) 恒流源的操作面板如图16-5, 在没有负载的情况下将电压表示数调到2V以下。关闭电源接上负载, 保持电压旋钮位置不变, 正常调节电流旋钮。

(2) 毕-萨实验仪操作面板如图16-6, 按电源开关按键显示屏显示水平方向的磁场大小, 如图16-7, 按方向切换按键显示屏显示竖直方向的磁场大小如图16-8, 再按方向切换按键将切换到水平方向。

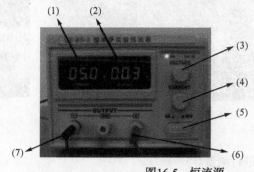

(1) 电流显示
(2) 电压显示
(3) 电压调节旋钮
(4) 电流调节旋钮
(5) 电源开关
(6) 电流输出正极
(7) 电流输出负极

图16-5 恒流源

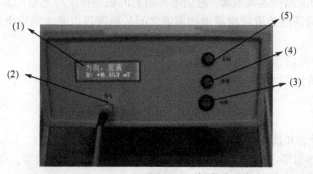

(1) 显示屏
(2) 传感器接口
(3) 电源开关
(4) 清零按键
(5) 方向切换按键

图16-6 毕-萨实验仪

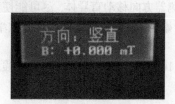

图16-7 水平方向测量显示　　　图16-8 竖直方向测量显示

(3) 传感器被封装在探测杆内部，其位置在黑点处。测量时黑点必须朝上放置。探点距长直导线的距离r如图16-9，图中$r_0=2$mm，$s_0=3.7$mm，$r=s+r_0+s_0=s+5.7$mm，s从导轨刻度读取，刻度读取示意如图16-10。探点位置可以通过二维调节支架微调。

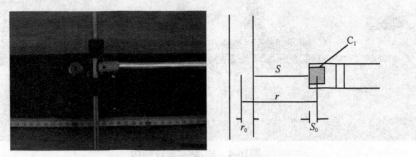

图16-9　传感器探点与长直导线

图16-10　刻度尺读数

【注意事项】

(1) 仪器使用前需预热5分钟再进行测量。

(2) 测量时，尽量使磁场探测器远离电源，避免电源辐射的磁场梯度对测量的影响。

(3) 调整电源和磁场探测器的位置角度或增加两者之间的距离可以基本消除电源辐射的磁场梯度对测量的影响。

(4) 确认导线正确连接，电流值逆时针调到最小后再开关电源。

(5) 磁场探测器的导线请勿用力拽。

【实验内容与步骤】

1. 直导体激发的磁场

(1) 将直导线插入支座上，并接至恒流源。

(2) 将磁感应强度探测器与毕-萨实验仪连接，方向切换为垂直方向，并调零。

(3) 将磁感应强度探测器与直导体中心对准。

(4) 向探测器方向移动直导体，尽可能使其接近探测器(距离 $s=0$)。

(5) 从0开始，逐渐增加电流强度I，每次增加1A，直至10A，逐次记录测量到的磁感应强度B的值。

(6) 令$I=10$A，逐步向右移动磁感应强度探测器，测量磁感应强度B与距离s的关系，并记录相应数值。

2. 圆形导体环路激发的磁场

(1) 将直导体换为R=40mm的圆环导体,并接至恒流源。

(2) 将磁感应强度探测器与毕-萨实验仪连接,方向切换为水平方向,并调零。

(3) 调节磁感应强度探针器的位置至导体环中心。

(4) 从0开始,逐渐增加电流强度I,每次增加1A,直至10A。逐次记录测量到的磁感应强度B的值。

(5) 令I = 10A,逐步向右及向左移动磁感应强度探针器,测量磁感应强度B与坐标x的关系,记录相应数值。

(6) 将40mm导体环替换为80mm及120mm导体环。分别测量磁感应强度B与坐标x的关系。

【实验数据与结果】

(1) 直导体激发的磁场

表16-1 长直导体激发的磁场B与电流I的关系(s=0mm)		表16-2 长直导体激发的磁场B与距离r的关系(I=10A)	
I(A)	B(mT)	r(mm)	B(mT)
0		5.7	
1		6.7	
2		7.7	
3		8.7	
4		10.7	
5		14.7	
6		17.7	
7		21.7	
8		26.7	
9		37.7	
10		55.7	

1) 分别记录直导体磁场的磁感应强度B与电流I和距离r的关系(表16-1,表16-2)。

2) 绘出直导体的磁感应强度B与电流强度I之间的关系曲线并分析。

3) 绘出直导体的磁感应强度B与距离r关系曲线并分析。

(2) 同理,列表记录圆形导体回路激发的磁场并绘图分析。

【思考题】

(1) 毕-萨定律的内容是什么?

(2) 实验结果是否与毕-萨定律一致,如果有偏差,试分析产生的原因。

(富 丹)

实验17 弗兰克-赫兹实验

【实验目的】

(1) 通过示波器观察板极电流与加速电压的关系曲线,了解电子与原子碰撞和能量交换的过程。

(2) 通过主机的测量仪表记录数据,作图计算氩原子的第一激发电位。

(3) 采用计算机接口,自动测量氩原子的激发电位,学习数据采集和自动测量技术。

【实验原理】

1. 电子与原子的相互作用 根据玻尔理论,原子只能较长久地停留在一些稳定状态(即定态),其中每一状态对应于一定的能量值,各定态的能量是分立的,原子只能吸收或辐射相当于两定态间能量差地能量。如果处于基态的原子要发生状态改变,所具备的能量不能少于原子从基态跃迁到第一激发态时所需要的能量。弗兰克-赫兹实验是通过具有一定能量的电子与原子碰撞,进行能量交换而实现原子从基态到高能态的跃迁。

电子与原子碰撞过程可以用以下方程表示:

$$\frac{1}{2}m_e\upsilon^2 + \frac{1}{2}MV^2 = \frac{1}{2}m_e\upsilon'^2 + \frac{1}{2}MV'^2 + \Delta E$$

其中m_e是电子质量,M是原子质量,υ是电子的碰撞前的速度,V是原子的碰撞前的速度,υ'是电子的碰撞后速度,V'是原子的碰撞后速度,ΔE为内能项。因为$m_e \ll M$,所以电子的动能可以转变为原子的内能。因为原子的内能是不连续的,所以电子的动能小于原子的第一激发态电位时,原子与电子发生弹性碰撞$\Delta E=0$;当电子的动能大于原子的第一激发态电位时,电子的动能转化为原子的内能$\Delta E=E_1$,E_1为原子的第一激发电位。

2. 弗兰克–赫兹实验 弗兰克和赫兹为了研究气体放电中的低能电子和原子间的相互作用,设计了电子与原子碰撞的实验。

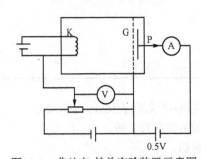

图17-1 弗兰克-赫兹实验装置示意图

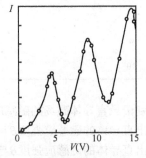

图17-2 管流与加速电压的关系图

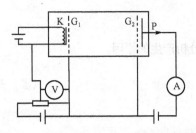

图17-3 改进后的弗兰克-赫兹实验装置示意图

1914年,它们用图17-1的实验装置获得了一系列重要实验结果,碰撞管中的电子由热阴极K发射,经K与栅极G之间的电场加速,电子由K射向G,栅极G与板极P之间则加有一减速电压,形成一个减速电场,使电子减速。当穿越过G的电子具有较大的能量而足以克服这一减速场时,就能到达板极P而形成管流I_P。充汞管得到的管流与K和G之间的电压的关系如图17-2所示。

1920年,弗兰克对原来的装置做了改进,如图17-3

所示, 原有的直热式阴极用旁热式的来代替, 并在靠近阴极处增加一个栅极G_1及降低管内的汞蒸汽压。旁热式阴极发射的电子在加速区K-G_1内得到加速, 然后进入G_1-G_2等势区进行碰撞。在改进后的碰撞管中, 可以使电子在加速区内获得相当高的能量, 可测得汞原子的一系列的量子态。汞原子的第一激发能较低(4.89eV), 相应的发射光谱线的波长为253.7nm, 可以用紫外光谱仪来证实上述实验结果。

【实验器材描述】 微机型弗兰克—赫兹实验仪如图17-4所示。

图17-4 微机型弗兰克—赫兹实验仪

1. 双栅柱面型四极式弗兰克-赫兹管 微机型弗兰克-赫兹实验仪采用的是双栅柱面型四极式弗兰克-赫兹管, 其结构如图17-5所示, 板极P为敷铝的铁皮圆筒, 控制栅G_1和加速栅G_2分别用钼丝绕制的螺旋线, 阴极K为镍管, 管的外壁则敷有三元氧化物, 管内有加热用的热子F, 它是双向绞绕的钨丝, 钨丝表面涂敷有氧化铝绝缘层。热子F与阴极K构成傍热式氧化物阴极, 发射系数远大于直热式的。G_1栅丝的表面镀金或银, 以确保管子性能稳定。所有部件都经过严格的清洁处理, 各电极是同轴的固定在云母绝缘片上, 部件装入玻壳内, 然后接到真空系统上抽空、除气和处理, 最后充入惰性气体氩。

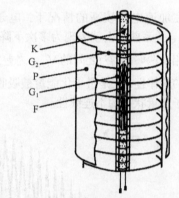

图17-5 双栅柱面型四极式弗兰克-赫兹管结构图

(1) 灯丝电压V_F, 灯丝温度对阴极的发射系数有很大的影响。击穿电压随管内的板流的增加而减小。阴极发射出来的电子的速度分布与阴极温度有关。阴极温度低, 电子速度分布窄, 电流较小, 击穿电压可以提高。

(2) 控制栅电压V_{G_1K}。它用于消除电子在阴极附近的堆积效应, 控制阴极发射的电子流的大小。V_{G_1K}过大时, 会减小进入碰撞空间的电子流, 导致板流的下降, 一般取1V左右。由于阴极的发射系数各不相同, 而且G_1与K的间距也可能略有差异, 因此在实验中应选取最佳的V_{G_1K}值。

(3) 电子的加速电压V_{G_2K}。加速电压的上限是以管子不发生电离为界, 不同的实验条件, 加速电压的上限有很大差异。

(4) 减速电压V_{G_1K}。使G_2处的能量较低的电子不能到达板极。减速电压愈大, 板流愈小, 一般控制在0.5~2V(充汞管), 2~8V(充氩管), 最佳值则需要在实验中根据实测结果来选定。

2. 实验装置原理 FD-FH-C微机型弗兰克-赫兹实验仪采用充氩气的弗兰克-赫兹管, 实验装置如图17-6所示, 电子由热阴极发出, 阴极K和栅极G_1之间的加速电压V_{G1K}使电子加速, 在板极P和栅极G_2之间有减速电压V_{G_2K}。当电子通过栅极G_2进入G_2P空间时，如果能量大于eV_p，就能到达板极形成电流I_p。如果电子在G_1G_2空间与氩原子发生了弹性碰撞，电子本身剩余的能量小于eV_p，则电子不能到达板极。

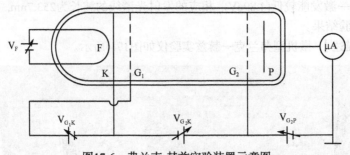

图17-6　弗兰克-赫兹实验装置示意图

随着V_{G_2K}的增加，电子的能量增加，当电子与氩原子碰撞后仍留下足够的能量，可以克服G_2P空间的减速电场而到达板极P时，板极电流又开始上升。如果电子在加速电场得到的能量等于$2\Delta E$时，电子在G_1G_2空间会因二次非弹性碰撞而失去能量，结果使板极电流第二次下降。

在加速电压较高的情况下，电子在运动过程中，将与氩原子发生多次非弹性碰撞，在I_p-V_{G_2K}关系曲线上就表现为多次下降。板极电流随V_{G_2K}的变化如图17-7(b)所示。对氩来说，曲线上相邻两峰(或谷)之间的V_{G_2K}之差，即为氩原子的第一激发电位。曲线的极大极小出现呈现明显的规律性，它是量子化能量被吸收的结果。原子只吸收特定能量而不是任意能量，这证明了氩原子能量状态的不连续性。

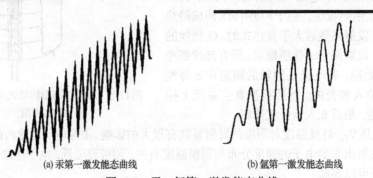

(a) 汞第一激发能态曲线　　　　　(b) 氩第一激发能态曲线

图17-7　汞、氩第一激发能态曲线

【注意事项】

(1) 仪器应该检查无误后才能接电源，开关电源前应先将各电位器逆时针旋转至最小值位置。

(2) 灯丝电压不宜放得过大，一般在3V左右，如电流偏小再适当增加。

(3) 要防止电流急剧增大击穿弗兰克-赫兹管，如发生击穿应立即调低加速电压以免管子受损。

(4) 弗兰克-赫兹管为玻璃制品，不耐冲击应重点保护。

(5) 实验完毕，应将各电位器逆时针旋转至最小值位置。

【实验内容与步骤】

1. 示波器观察法

(1) 连好主机后面板电源线，用Q9线将主机正面板上"V$_{G2K}$输出"与示波器上的"X相"(供外触发使用)相连，"I_P输出"与示波器"Y相"相连，将示波器扫描开关置于"自动"挡。

(2) 分别将示波器"X"、"Y"电压调节旋钮调至"1V"和"2V"，"POSITION"调至"x-y"，"交直流"全部打到"DC"。

(3) 分别开启弗兰克-赫兹实验仪主机和示波器电源开关，稍等片刻(弗兰克-赫兹管需预热)。

(4) 分别调节V_F、V_{G_1K}、V_{G_2P}电压(可以先参考仪器给出值)至合适值，将V_{G_2K}由小慢慢调大(以弗兰克-赫兹管不击穿为界)，直至示波器上呈现充氩管稳定的I_P-V_{G_2K}曲线，观察原子能量的量子化情况。

2. 手动测量法

(1) 调节V_{G_2K}至最小，扫描开关置于"手动"挡，打开主机电源。

(2) 分别调节V_F、V_{G_2K}、V_{G_2P}电压(可以先参考仪器给出值)至合适值，用手动方式逐渐增大V_{G_2K}，同时观察I_P变化，可以看到出现7个峰。

(3) 选取合适实验点，分别由表头读取I_P和V_{G_2K}值，作图可得I_P-V_{G_2K}曲线，注意示值和实际值关系。

(4) 由曲线的特征点求出弗兰克-赫兹管中氩原子的第一激发电位。

3. 计算机自动采集

(1) 连好主机后面板电源线，用串口线将主机后面板上串口与计算机相连，将扫描开关置于"自动"挡。

(2) 分别开启弗兰克-赫兹实验仪主机和示波器电源开关，稍等片刻(弗兰克-赫兹管需预热)。

(3) 分别调节V_F、V_{G_1K}、V_{G_2P}电压(可以先参考仪器给出值)至合适值，此时可以先按照方法1在示波器上观察到充氩管稳定的I_P-V_{G_2K}曲线。

(4) 此时通过采集软件采集实验曲线，由曲线的特征点求出充氩弗兰克-赫兹管中氩原子的第一激发电位。

【实验数据与结果】

(1) 数据记录：实验中应该在波峰和波谷位置周围多记录几组数据，以提高测量精度，因为数据较多，以下就不再列表显示。

(2) 描画关系曲线图：选取合适实验点，分别由表头读取I_P和V_{G_2K}值，作图可得I_P-V_{G_2K}曲线。

(3) 测量峰(或谷)值(更高的峰或谷值由于有第二激发等原因舍弃)，并列出表格。

(4) 逐差法处理峰、谷值；算出氩的第一激发电位。

(5) 计算机采集，连接计算机接口可以用电脑采集曲线，具体氩第一激发电位测量方法详见软件操作说明。

(商清春)

实验18　法拉第效应和塞曼效应综合实验

【实验目的】

(1) 用毫特斯拉计测量电磁铁磁头中心的磁感应强度，分析线性范围。

(2) 法拉第效应实验, 消光法测量样品的费尔德常数。

(3) 掌握观测塞曼效应的方法, 加深对原子磁矩及空间量子化等原子物理学概念的理解。

(4) 观察汞原子546.1nm谱线的分裂现象以及它们偏振状态, 计算电子荷质比。

(5) 学习法布里-珀罗标准具的调节方法。

【实验原理】

1. 法拉第效应　实验表明, 在磁场不是非常强时, 如图18-1所示, 偏振面旋转的角度θ与光波在介质中走过的路程d及介质中的磁感应强度在光的传播方向上的分量B成正比, 即

$$\theta = VBd \qquad (18\text{-}1)$$

比例系数V由物质和工作波长决定, 称为费尔德(Verdet)常数。

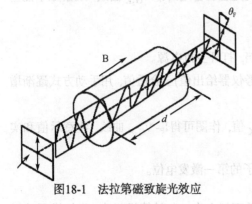

图18-1　法拉第磁致旋光效应

费尔德常数与磁光材料的性质有关, 对于顺磁、弱磁和抗磁性材料(如重火石玻璃等), V为常数, 即θ与磁场强度B有线性关系; 而对铁磁性或亚铁磁性材料(如YIG等立方晶体材料), θ与B不是简单的线性关系。

表18-1为几种物质的费尔德常数。几乎所有物质都存在法拉第效应, 不过一般都不显著。

表18-1　几种材料的费尔德常数　　　　(单位: 弧分/特斯拉·厘米)

物质	$\lambda(nm)$	V	物质	$\lambda(nm)$	V
水	589.3	1.31×10^2	冕玻璃	632.8	$(1.36 \sim 7.27) \times 10^2$
二硫化碳	589.3	4.17×10^2	石英	632.8	4.83×10^2
轻火石玻璃	589.3	3.17×10^2	磷素	589.3	12.3×10^2
重火石玻璃	830.0	$(8 \sim 10) \times 10^2$			

不同的物质, 偏振面旋转的方向也可能不同。习惯上规定, 以顺着磁场观察偏振面旋转绕向与磁场方向满足右手螺旋关系的称为"右旋"介质, 其费尔德常数$V>0$; 反向旋转的称为"左旋"介质, 费尔德常数$V<0$。

对于每一种给定的物质, 法拉第旋转方向仅由磁场方向决定, 而与光的传播方向无关(不管传播方向与磁场同向或者反向), 这是法拉第磁光效应与某些物质的固有旋光效应的重要区别。法拉第效应在磁场方向不变的情况下, 光线往返穿过磁致旋光物质时, 法拉第旋转角将加倍。利用这一特性, 可以使光线在介质中往返数次, 从而使旋转角度加大。

法拉第效应也有旋光色散, 即费尔德常数随波长而变, 一束白色的线偏振光穿过磁致旋光介质, 则紫光的偏振面要比红光的偏振面转过的角度大。实验表明, 磁致旋光物质的费尔德常数V随波长λ的增加而减小。

2. 塞曼效应　1896年, 荷兰物理学家塞曼P.Zeeman发现当光源放在足够强的磁场中时, 原来的一条光谱线分裂成几条光谱线, 分裂的谱线成分是偏振的, 分裂的条数随能级的类别而不同, 此现象称为塞曼效应。

(1) 外磁场对原子能级的作用

$$\Delta E = Mg\frac{e\hbar}{2m}B \qquad M = J,(J-1),\cdots,-J \qquad (18\text{-}2)$$

在外磁场中, 原子的总磁矩在外磁场中受到力矩 L 的作用引起附加的能量 ΔE。无外磁场时的一个能级在外磁场作用下分裂为 $2J+1$ 个子能级。由式(18-2)决定的每个子能级的附加能量正比于外磁场 B, 并且与朗德因子 g 有关。

(2) 塞曼效应的选择定则: 设某一光谱线在未加磁场时跃迁前后的能级为 E_2 和 E_1, 则谱线的频率 v 决定于

$$hv=E_2-E_1 \qquad (18\text{-}3)$$

在外磁场中, 上下能级分裂为 $2J_2+1$ 和 $2J_1+1$ 个子能级, 附加能量分别为 ΔE_2 和 ΔE_1, 并且可以按式(18-2)算出。新的谱线频率 v' 决定于

$$hv' =(E_2+ \Delta E_2) - (E_1+ \Delta E_1) \qquad (18\text{-}4)$$

所以分裂后谱线与原谱线的频率差为

$$\Delta v = v'-v = \frac{1}{h}(\Delta E_2 - \Delta E_1) = (M_2 g_2 - M_1 g_1)\frac{eB}{4\pi m} \qquad (18\text{-}5)$$

(3) 汞绿线在外磁场中的塞曼效应: 本实验中所观察的汞绿线546.1mm对应于跃迁 $6s7s^3S_1$→$6s6p^3P_2$。与这两能级及其塞曼分裂能级对应的量子数和 g、 M、 Mg 值以及偏振态列表见表18-2及表18-3。

表18-2　各光线的偏振态

选择定则	$K\perp B$(横向)	$K /\!/ B$(纵向)
$\Lambda M=0$	线偏振光π成分	无光
$\Lambda M=+1$	线偏振光σ成分	右旋圆偏振光
$\Lambda M=-1$	线偏振光σ成分	左旋圆偏振光

注: 表中 K 为光波矢量; B 为磁感应强度矢量; σ 表示光波电矢量 $E\perp B$; π 表示光波电矢量 $E /\!/ B$。

表18-3

原子态符号	7^3S_1	6^3P_2
L	0	1
S	1	1
J	1	2
g	2	3/2
M	1, 0, -1	2, 1, 0, -1, -2
Mg	2, 0, -2	3, 3/2, 0, -3/2, -3

这两个状态的朗德因子 g 和在磁场中的能级分裂, 绘成能级跃迁图, 如图18-2所示。

由图18-2可见, 上下能级在外磁场中分裂为三个和五个子能级。在能级图上画出了选择规则允许的九种跃迁。在能级图下方画出了与各跃迁相应的谱线在频谱上的位置, 他们的波数从左到右增加, 并且是等距的, 为了便于区分, 将π线和σ线都标在相应的地方各线段的长度表示光谱线的相对强度。

(4) 法布里-珀罗标准具的原理和性能: 法布里-珀罗标准具(以下简称F-P标准具)由两块平行平面玻璃板和夹在中间的一个间隔圈组成。

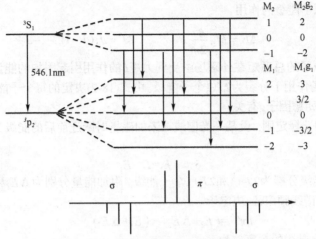

图18-2　汞绿线的塞曼效应及谱线强度分布

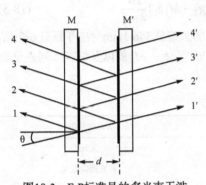

图18-3　F-P标准具的多光束干涉

F-P标准具的光路图如图18-3所示，当单色平行光束S_0以某一小角度入射到F-P标准具的M平面上；光束在M和M′二表面上经过多次反射和折射，分别形成一系列相互平行的反射光束1，2，3，…及折射光束1′，2′，3′，…，任何相邻光束间的光程差Δ是一样的，即

$$\Delta = 2nd\cos\theta$$

其中d为两平行板之间的间距，大小为2mm，θ为光束折射角，n为平行板介质的折射率，在空气中使用F-P标准具时可以取$n=1$。当一系列相互平行并有一定光程差的光束经会聚透镜在焦平面上发生干涉。光程差为波长整数倍时产生相长干涉，得到光强极大值

$$2d\cos\theta = K\lambda \tag{18-6}$$

K为整数，称为干涉序。由于F-P标准具的间隔d是固定的，对于波长λ一定的光，不同的干涉序K出现在不同的入射角θ处，如果采用扩展光源照明，在F-P标准具中将产生等倾干涉，这时相同θ角的光束所形成的干涉花纹是一圆环，整个花样则是一组同心圆环。

(5) 分裂后各谱线的波长差或波数差的测量：用焦距为f的透镜使F-P标准具的干涉条纹成像在焦平面上，这时靠近中央各花纹的入射角θ与它的直径D有如下关系，如图18-4所示

$$\cos\theta = \frac{f}{\sqrt{f^2 + (D/2)^2}} \approx 1 - \frac{1}{8}\frac{D^2}{f^2} \tag{18-7}$$

代入式(18-6)得

$$2d\left(1 - \frac{D^2}{8f^2}\right) = K\lambda \tag{18-8}$$

由上式可见，靠近中央各花纹的直径平方与干涉序成线性关系。对同一波长而言，随着花纹直径的增大，花纹愈来愈密，并且式(18-8)左侧括号内符号表明，直径大的干涉环对应的干涉序低。同理，就不同波长同序的干涉环而言，直径大的波长小。

同一波长相邻两序K和$K-1$花纹的直径平方差ΔD^2可

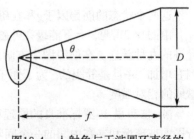

图18-4　入射角与干涉圆环直径的关系

以从式(18-7)求出, 得到

$$\Delta D^2 = D_{K-1}^2 - D_K^2 = \frac{4f^2\lambda}{d} \tag{18-9}$$

可见, ΔD^2是一个常数, 与干涉序K无关。

由式(18-8)又可以求出在同一序中不同波长λ_a和λ_b之差, 例如, 分裂后两相邻谱线的波长差为

$$\lambda_a - \lambda_b = \frac{d}{4f^2K}(D_b^2 - D_a^2) = \frac{\lambda}{K}\frac{D_b^2 - D_a^2}{D_{K-1}^2 - D_K^2} \tag{18-10}$$

测量时, 通常可以只利用在中央附近的K序干涉花纹。考虑到标准具间隔圈的厚度比波长大的多, 中心花纹的干涉序是很大的。因此, 用中心花纹干涉序代替被测花纹的干涉序所引入的误差可以忽略不计, 即

$$K = \frac{2d}{\lambda} \tag{18-11}$$

将上式代入式(18-10)得到

$$\lambda_a - \lambda_b = \frac{\lambda^2}{2d}\frac{D_b^2 - D_a^2}{D_{K-1}^2 - D_K^2} \tag{18-12}$$

用波数表示为

$$\tilde{\upsilon}_a - \tilde{\upsilon}_b = \frac{1}{2d}\frac{D_b^2 - D_a^2}{D_{K-1}^2 - D_K^2} = \frac{1}{2d}\frac{\Delta D_{ab}^2}{\Delta D^2} \tag{18-13}$$

其中$\Delta D_{ab}^2 = D_b^2 - D_a^2$, 由式(18-13)得知波数差与相应花纹的直径平方差成正比。

将式(18-13)带入式(18-5)得到电子荷质比:

$$\frac{e}{m} = \frac{2\pi \cdot c}{(M_2 g_2 - M_1 g_1)Bd}\left(\frac{D_b^2 - D_a^2}{D_{K-1}^2 - D_K^2}\right) \tag{18-14}$$

【实验器材】 该实验主要由法拉第效应和塞曼效应综合实验仪控制主机、励磁电源、电磁铁、转台、激光器、起偏器、检偏器、探测器、薄透镜、干涉滤色片、F-P标准具、厚透镜以及测微目镜组成, 实验装置如图18-5所示。

图18-5 法拉第效应和塞曼效应实验装置

【注意事项】

(1) 笔形汞灯工作时辐射出较强的253.7nm紫外线, 实验时操作者请不要直接观察汞灯灯光, 如需要直接观察灯光, 请佩戴防护眼镜。

(2) 为了保证笔形汞灯有良好的稳定性, 在振荡直流电源上应用时, 对其工作电流应该加

以选择。另外将笔形汞灯管放入磁头间隙时，注意尽量不要使灯管接触磁头。

(3) 汞灯起辉电压达到1000V以上，所以通电时注意不要触碰笔形汞灯的接插件和连接线，以免发生触电。

(4) 光学零件的表面上如有灰尘可以用橡皮吹气球吹去。如表面有污渍可以用脱脂、清洁棉花球蘸酒精、乙醚混合液轻轻擦拭。

(5) 电磁铁在完成实验后应及时切断电源，以避免长时间工作使线圈积聚热量过多而破坏稳定性。

(6) 汞灯放进磁隙中时，应该注意避免灯管接触磁头。

(7) 测量中心磁场磁感应强度时，应注意探头在同一实验中不同次测量时放置于同一位置，以使测量更加准确、稳定。

(8) 笔型汞灯工作时会辐射出紫外线，所以操作实验时不宜长时间眼睛直视灯光；另外，应经常保持灯管发光区的清洁，发现有污渍应及时用酒精或丙酮擦洗干净。

(9) 因为法拉第效应实验和塞曼效应要求尽量减小外界光的影响，所以实验时最好在暗室内完成，以使实验现象更加明显，实验数据更加准确。

【实验内容与步骤】

1. 仪器连接

(1) 实验桌上依次放置50cm导轨(上面放置四个滑块以及合适的光学元件)、电磁铁(放于转台上)、65cm导轨(上面放置五个滑块以及合适的光学元件)、控制主机以及励磁电源，将样品架固定在磁铁中心，并转动样品架前端的旋钮使法拉第效应实验样品能够正好处于磁铁中心。

(2) 接通励磁电源以及控制主机的电源，检查控制主机上的LED表和励磁电源的LCD表是否正常显示，如果表头不亮，检查仪器电源线插座的保险丝是否正常工作。

(3) 将激光器与控制主机上的"激光器"电源用连接线相连，检查激光器是否正常工作，调节激光器前端的调焦镜头使出射光线在1m左右处光斑直径最小。将毫特斯拉计探头与控制主机上的探头"输入"端相连，将探头放置于无干扰磁场处，调节"调零"电位器使表头显示"000mT"，然后将探头通过固定螺母固定在样品架后板上的下端孔处，拉动样品架，探头可以处于磁头间隙中心。

(4) 将笔形汞灯固定在臂形支架上，另一端与主机"汞灯电源"相连。打开主机"电源-LAMP"开关，检查笔形汞灯是否正常工作。调节主机"激光功率计"中的"调零"电位器，使表头显示为零(底下换挡开关置于任意一挡都可以)，用连接线将探测器与主机上激光功率计的"输入"端相连。

(5) 将电磁铁两个线圈并联后与励磁电源相连，并用毫特斯拉计探头检查两个线圈通电方向，要求两个线圈产生磁场方向一致，判断方法是将励磁电源电流调节至最大(5A左右)，此时磁铁中心产生磁感应强度至少1.2T，如果数值较小，说明两线圈产生磁场方向相反。

2. 励磁电流与电磁铁产生的磁场关系测量

(1) 将毫特斯拉计探头移至磁头中心，打开励磁电源。

(2) 调节励磁电流，记录相应的磁感应强度数值，做励磁电流I与磁感应强度B的关系图，分析其线性范围。

3. 法拉第效应实验

(1) 如图18-6所示，电磁铁纵向放置，一边滑块上依次固定"激光器"-"起偏器"，另一边滑块上依次固定"检偏器"-"探测器"。

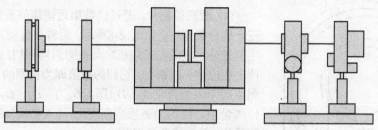

图18-6 法拉第效应实验光路

(2) 调节激光器固定架上的两个调节旋钮,使激光斑完全通过电磁铁的中心孔(注意,这一步要求仔细调节,之前需要调节激光器前端的调焦镜头使激光斑在一定范围内发散角比较小),调节探测器前端的光阑,使通过电磁铁的激光能够完全被探测器接收。

(3) 拿掉检偏器,旋转起偏器使探测器输出数值最大,这是因为半导体激光器输出光为部分偏振光,调节起偏器使其透光轴方向与部分偏振光较大电矢量方向一致,这样光强输出较大,可以提高后面法拉第效应实验的效果。

(4) 放入检偏器,并调节样品架前端的旋钮,升起实验样品,并移动样品架,使直径较小的旋光玻璃样品处于磁场中间,并且激光完全通过样品,调节检偏器的中心转盘,使得探测器输出最小,即正交消光。

(5) 打开励磁电源,逐渐增加励磁电流,分别测量对应的磁致旋光角度,根据公式$\theta=VBd$,用游标卡尺测量样品厚度,计算样品的费尔德常数V,因为旋光玻璃样品实验现象非常明显,所以磁场不需要加到最大。

(6) 同样过程,测量另外一种样品的费尔德常数,因为该样品费尔德常数相对较小,所以应该加较大的磁场测量。

4. 塞曼效应实验

(1) 按照图18-7所示,依次放置各光学元件(偏振片可以先不放置),并调节光路上各光学元件等高共轴,点燃汞灯,使光束通过每个光学元件的中心。

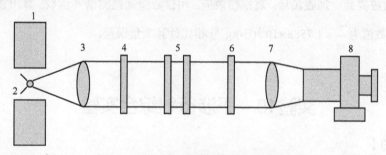

图18-7 直读法测量塞曼效应实验装置图

1-电磁铁(加电源); 2-笔形汞灯; 3-薄透镜; 4-干涉滤色片; 5-F-P标准具; 6-偏振片; 7-厚透镜; 8-读数显微镜

(2) 注意图中薄透镜和厚透镜的区别:厚透镜焦距大于薄透镜,而薄透镜的通光孔径大于厚透镜的通光孔径。用内六角扳手调节标准具上三个压紧弹簧螺丝(一般出厂前,标准具已经调好,学生做实验时,请不要自行调节),使两平行面达到严格平行,从测量望远镜中可观察到清晰明亮的一组同心干涉圆环。

(3) 从测量望远镜中可观察到细锐的干涉圆环发生分裂的图像。调节会聚透镜的高度,或者调节永磁铁两端的内六角螺丝,改变磁间隙,达到改变磁场场强的目的,可以看到随着磁场B的增大,谱线的分裂宽度也在不断增宽。放置偏振片(注意,直读测量时应将偏振片中的小孔光阑取掉,以增加通光量),当旋转偏振片为0°、45°、90°各不同位置时,可观察到偏振性质不同的π成分和σ成分。

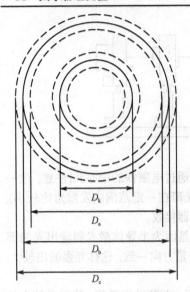

图18-8　汞546.1nm光谱加磁场后的图像

(4) 旋转偏振片，通过读数望远镜能够看到清晰的每级三个的分裂圆环，如图18-8所示，旋转测量望远镜读数鼓轮，用测量分划板的铅垂线依次与被测圆环相切，从读数鼓轮上读出相应的一组数据，它们的差值即为被测的干涉圆环直径，测量四个圆的直径D_c、D_b(即为D_{K-1})、D_a、D_K，用毫特斯拉计测量中心磁场的磁感应强度B，代入公式(18-14)计算电子荷质比，并计算测量误差。

【实验数据与结果】

1. 励磁电流与磁头中心磁感应强度关系的测量　设计表格记录励磁电流与磁头中心磁感应强度关系数据(在电流为零时，磁头中心磁感应强度并不为零，这是磁头材料剩磁引起的)，并作图。

由图可知，在励磁电流为0.00A到3.00A之间时，线性关系很好。在后面的计算中，例如测量旋光玻璃样品费尔德常数(该样品费尔德常数较大)时，即可以通过上面的拟合公式根据励磁电流(励磁电源表头直接读出)计算得出，而不必再移动毫特斯拉计探头逐次测量。

2. 法拉第效应实验　以下测量旋光玻璃样品的费尔德常数：测量方法参照上面的法拉第效应实验过程。

注意，检偏器的结构是将角位移转换成直线位移(大角度转动时直接旋转检偏器后部旋钮)，即根据加工标准，测微头每移动一格，即0.01mm，偏振片转动1.9分。测微头的移动范围为0~10mm，所以用测微头测量角度的范围大约30°。实验中励磁电流调节在0~2.5A，因为较强的磁场可能使磁致旋光角度超过检偏器测微范围。设计表格记录I、B、消光位置、转动角度、对应磁场、θ/B等数据。根据公式$\theta=VBd$，可以得到费尔德常数。

3. 塞曼效应实验　加磁场后，观察横效应，用读数望远镜测量并读数，算出核质比，与电子荷质比参考数值为$\dfrac{e}{m}=1.7588\times10^{11}(\text{C·kg}^{-1})$相比计算测量误差。

(商清春)

实验19　干涉衍射综合实验

【实验目的】

(1) 学习并掌握单缝衍射、双缝干涉的规律。

(2) 观测单缝衍射现象，并证明极小值的位置与理论预测值一致。

(3) 观测双缝干涉现象，并证明极大值的位置与理论预测值一致。

(4) 比较激光束通过单缝和双缝所产生的衍射和干涉图形。

【实验原理】

1. 单缝衍射　当光通过单缝发生衍射时，衍射图样中的极小值对应的角度由下式给出：

$$a\sin\theta=m\lambda \qquad m=1,\ 2,\ 3\cdots \tag{19-1}$$

式中a是狭缝的宽度，θ是图样中心到极小值的角度，λ是光源波长，m是级次，如图19-1。由于角度都很小，可以假设$\sin\theta\approx\tan\theta$，由三角函数关系可以得到

$$\tan\theta = \frac{y}{D}$$

这里y是接收屏上从中心到极小值的距离，D是狭缝到接收屏的距离，这样可以得到缝宽为

$$a = \frac{m\lambda D}{y} \qquad m=1, 2, 3, \cdots \qquad (19\text{-}2)$$

2. 双缝干涉　当光通过双缝时，两束光会发生干涉，并形成干涉条纹。干涉图样中的极大值(明纹)对应的角度由下式给出

$$d\sin\theta = m\lambda \qquad m=0, 1, 2, 3, \cdots \qquad (19\text{-}3)$$

式中d是狭缝间距，θ是中心到极大值图像的角度，λ是光源波长，m是干涉级次。如图19-2所示。

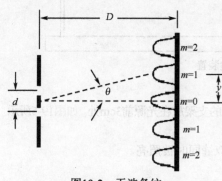

图19-1　单缝衍射图

由于角度值很小，可以假设：$\sin\theta \approx \tan\theta$，从三角函数关系可以得到

$$\tan\theta = \frac{y}{D}$$

这里y是接收屏上中心到极大值的距离，D是狭缝到接收屏的距离，则

$$d = \frac{m\lambda D}{y} \qquad m=0, 1, 2, 3, \cdots \qquad (19\text{-}4)$$

图19-2　干涉条纹

【实验器材】　导轨、LD激光、接收屏、单缝、单丝、双缝、单缝和双缝组合。

【实验内容与步骤】

1. 单缝衍射

(1) 将光源放置在导轨末端，然后在光源前3cm处放置带有单缝的支架，如图19-3所示。

(2) 将接收屏放置在光学导轨的另一端。

(3) 选择0.04mm的狭缝，调整激光位置，使得激光束通过双缝中心。

(4) 测量狭缝到接收屏的距离。记录接收屏的位置，狭缝位置，狭缝与接收屏的距离，并记录在表19-1中。

(5) 测量第一级、第二级、第三级暗条纹到中心的距离，并且把它填入表19-1中。

(6) 选择0.08mm的狭缝，重复上述测量，将测量数据记录在表19-2中。

(7) *选做：选择0.04mm的细丝，重复上述测量，将测量数据记录在表19-3中。

(8) *选做：选择0.08mm的细丝，重复上述测量，将测量数据记录在表19-4中。

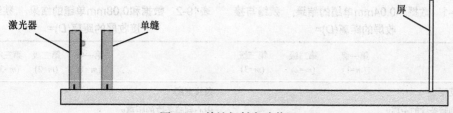

图19-3　单缝衍射实验装置

2. 双缝干涉

(1) 将光源放置在导轨末端，然后在光源前3cm处放置带有双缝的支架，如图19-4所示。

(2) 将接收屏放置在光学导轨的另一端。

(3) 选择缝宽0.04mm，缝距0.25mm的双缝，调整激光位置，使得激光束通过双缝中心。

(4) 测量双缝到接收屏的距离。记录接收屏的位置，双缝位置，双缝与接收屏的距离，并记录在表19-5中。

(5) 测量中心到第一极大值的距离、中心到第二极大值的距离、中心到第三极大值的距离，并把数据填入到表19-5中。

(6) 改变双缝到接收屏的距离，观察干涉条纹的变化。

(7) 选择缝宽0.04mm，缝距0.50mm的双缝，重复上述测量，将测量数据记录在表19-6中。

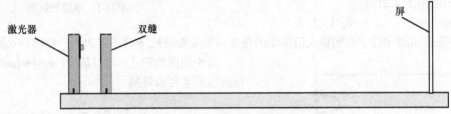

图19-4　双缝干涉实验装置

3. 干涉和衍射条纹的对比

(1) 把激光光源放在光学导轨的末端，把带有单-双缝的支架放在光源前3cm处，如图19-5所示。

(2) 把接收屏上放在导轨的另一端。

(3) 调整激光束的位置，使之可以通过狭缝把单缝双缝同时被照亮。

(4) 粗略的画出并排的两个图像。

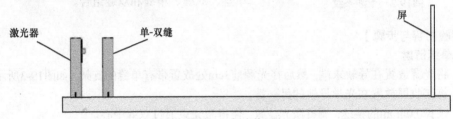

图19-5　实验装置

4. 自行设计　观察并测量圆孔衍射的规律。

【实验数据与结果】

(1) 用从中心到极小值的距离除以衍射级次。并把y值记录在表19-1中。

(2) 使用激光的中心波长(532nm)，分别使用第一级、第二级和第三级极小值的数据计算缝宽。将结果填入到表19-1~表19-4中。

表19-1　数据和0.04mm单缝的结果，狭缝与接收屏的距离(D)=

	第一级 ($m=1$)	第二级 ($m=2$)	第三级 ($m=3$)
条纹宽度			
中心到暗条纹的距离y			
计算狭缝宽度			
与实际值的百分差%			

表19-2　数据和0.08mm单缝的结果，狭缝与接收屏的距离(D)=

	第一级 ($m=1$)	第二级 ($m=2$)	第三级 ($m=3$)
条纹宽度			
中心到暗条纹的距离y			
计算狭缝宽度			
与实际值的百分差%			

*表19-3 数据和0.04mm细丝的结果,狭缝与接收屏的距离(*D*)=

	第一级 (*m*=1)	第二级 (*m*=2)	第三级 (*m*=3)
条纹宽度			
中心到暗条纹的距离*y*			
计算细丝直径			
与实际值的百分差%			

*表19-4 数据和0.08mm细丝的结果,狭缝与接收屏的距离(*D*)=

	第一级 (*m*=1)	第二级 (*m*=2)	第三级 (*m*=3)
条纹宽度			
中心到暗条纹的距离*y*			
计算细丝直径			
与实际值的百分差%			

表19-5 0.04mm//0.25mm双缝数据和结果,狭缝与接收屏距离(*D*)=

	第一级 (*m*=1)	第二级 (*m*=2)	第三级 (*m*=2)
条纹宽度			
从中心到极大值的距离*y*			
计算双缝距离			
与实际值的百分差%			

表19-6 0.04mm//0.5mm双缝数据和结果,狭缝与接收屏距离(*D*)=

	第一级 (*m*=1)	第二级 (*m*=2)	第三级 (*m*=2)
条纹宽度			
从中心到极大值的距离*y*			
计算双缝距离			
与实际值的百分差%			

(3) 将计算的值和实际值对比,求出百分比,将数据填写到表19-1～表19-4中。

(4) 按比例画出他们衍射图样的草图。

(5) 同理,将双缝干涉的数据填入表19-5和表19-6中,并画出干涉图样的草图。

【思考题】

(1) 当缝宽增加时,衍射条纹极小值之间的距离会变大还是变小?

(2) 当狭缝与接收屏的距离增加时,衍射条纹极小值之间的距离会变大还是变小?

(3) 单缝和单丝的衍射图像有什么不同?

(4) 当缝宽变化时,干涉条纹宽度会如何变化?

(5) 当双缝到接收屏的距离减小时,条纹宽度会变大、变小还是不变?

(高 杨)

实验20 几何光学设计性实验——自组望远镜和显微镜

【实验目的】

(1) 掌握透镜的成像规律。

(2) 了解望远镜及显微镜的工作原理。

(3) 设计组装望远镜、显微镜。

(4) 学会用望远镜测量透镜焦距。

【实验原理】

1. 显微镜 显微镜是观察微小物体的光学仪器,其光路如图20-1所示。物镜L_0的焦距非常短($f_0 < 1$mm),目镜L_e的焦距大于物镜的焦距,但也不超过几个厘米。分划板P(像屏)与物镜L_0之间的距离为l。物屏y放在物镜焦点F_0外一点,调节y与L_0之间的距离,使其通过物镜L_0成一放大、倒立的实像y'于分划板P处。然后通过目镜L_e观察像y',先调节目镜L_e与分划板P之间的距离,以

使人眼看清分划板P，然后当看清y'时，也同时看清了分划板P。而目镜L_e起到了一个放大镜的作用，又将y'成一放大、倒立的虚像y''（分划板P也同时成放大的虚像P'，并与y''重合），则人眼观察的微小物体y被大大地放大成y''了。

通过改变分划板P与物镜L_0之间的距离l，可以获得显微镜的不同放大率。

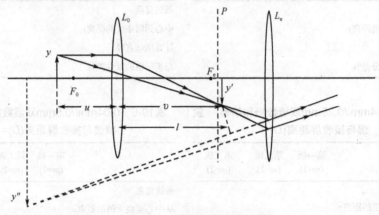

图20-1　显微镜的光路图

2. 望远镜　望远镜的光路如图20-2所示。无穷远处的物屏y上的一点（图中未画出）发出的光（平行光）经物镜L_0成实像y'于L_0的焦平面处（处于目镜L_e的焦点F_e内），分划板P也处于L_0的焦平面处，则y'与分划板P重合。如物y不处于无穷远处，则y'与P位于F_0之外。人眼通过目镜L_e看y''的过程与显微镜的观察过程相同。由此可见，人眼通过望远镜观察物体，相当于将远处的物体拉到了近处观察，实质上起到了视角放大的作用。

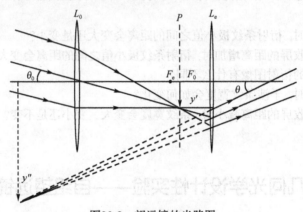

图20-2　望远镜的光路图

【**实验器材**】　由凸透镜、凹透镜、物屏、像屏（分划板）、光具座、支架等组成，如图20-3所示。

【**实验内容与步骤**】

1. 自组一台聚焦于无穷远处的望远镜　本实验所需的器件为：目镜、分划板、物镜、物屏。因聚焦于无穷远处的望远镜要求分划板与物镜之间的距离等于物镜的焦距。因此该实验首先要进行物镜焦距的测量。测量光路图如图20-4所示。

为简单起见，用物屏O上的A点代表物，由图20-4可知，分划板P充当了像屏。实验时要注意消视差，即先调节L_0与P之间距离，以看清分划板。再前后移动L_0（可先将物屏O放在与P之间距离大于物镜4倍焦距之外，物镜的焦距可先粗测一下），看清像A'后，眼睛上下移动，再轻轻移动

L_0，直至 A' 与分划板上的分划线无相对移动为止。此时记下物屏 O 的位置读数、分划板 P 的位置读数及凸透镜 L_0 的位置读数，由此算出物距 u 和像距 v，则代入公式可算出凸透镜 L_0 的焦距 f_0。

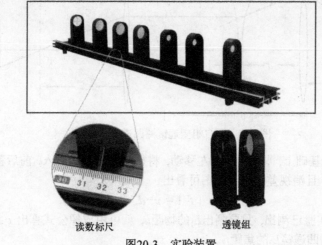

读数标尺　　　　　透镜组

图20-3　实验装置

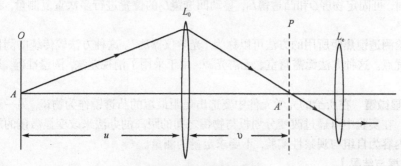

图20-4　测凸透镜焦距

在实测时，可固定物屏 O 和分划板 P，移动凸透镜 L_0 进行多次重复测量，将测量数据填入表20-1中。然后调节物镜，使其与分划板之间的距离为 f_0，这就构成了一台聚焦于无穷远处的望远镜。

2. 用自组的聚焦于无穷远处的望远镜测量另一凸透镜的焦距　因该望远镜是一聚焦于无穷远处的望远镜，因此，用其观察物体时，入射光要求是平行光，否则是看不清物的。测试的参考光路如图20-5所示。

实验时可固定物屏 O。调节待测凸透镜 L_1 与物屏 O 之间的距离，直至人眼通过望远镜看清物 A 的像 A'（且消视差）为止。则 L_1 至物屏 O 之间的距离即为 L_1 的焦距 f_1。

在实测时，可固定物屏 O，对凸透镜 L_1 进行多次重复测量，将测量数据填入表20-2中。

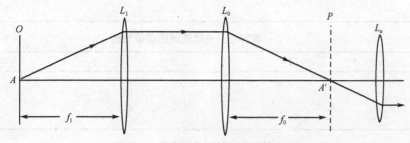

图20-5　用自组望远镜测凸透镜焦距

3. 用自组的聚焦于无穷远的望远镜测量凹透镜焦距　该实验的参考光路图如图20-6所示。

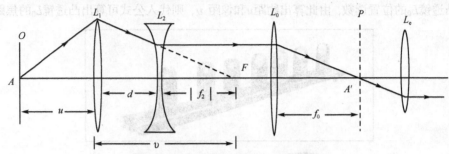

图20-6　用自组望远镜测凹透镜的焦距

可在上一实验的基础上, 将物屏O向左移动, 将待测凹透镜L_2插入, 前后移动L_2, 直至眼睛通过望远镜看清A', 且消视差。由光路图可看出

$$|f_2| = v - d$$

因L_1的焦距f_1由上一实验已测出, 只要测出L_1的物距u, 就可由成像公式算出v, 再测出L_1与L_2之间的距离d, 则可算出凹透镜L_2的焦距f_2。

在实测时, 可固定物屏O和凸透镜L_1, 移动凹透镜L_2的位置进行多次重复测量, 将测量数码填入表20-3中。

以上实验测透镜焦距所用的方法可以称为"光学仪器法"。这种方法较传统的测量焦距的方法具有很多优点。这种方法无需暗室、无需光源, 由于采用了消视差法, 测量准确, 是一种非常实用的方法。

4. 自组显微镜　在所给的光学元件中要选出焦距最短的凸透镜作为物镜, 另一短焦距凸透镜作为目镜。在实验中可通过改变分划板与物镜之间的距离的办法来改变显微镜的放大率。

该实验内容为自组与观察性实验, 不要求定量的测量。

【实验数据与结果】

表20-1　自组望远镜物镜焦距　　　　　　　　　　　　　　　　　　　　　　　　　　(单位: cm)

次数	1	2	3	4	5	平均值
L_0						
O						
P						

表20-2　望远镜测凸透镜焦距　　　　　　　　　　　　　　　　　　　　　　　　　　(单位: cm)

次数	1	2	3	4	5	平均值
L_4						
O						

表20-3　望远镜测凹透镜焦距　　　　　　　　　　　　　　　　　　　　　　　　　　(单位: cm)

次数	1	2	3	4	5	平均值
L_2						
L_1						
O						

【思考题】

(1) 显微镜和望远镜的成像原理是什么?

(2) 显微镜的放大率如何计算?

(周鸿锁)

实验21 偏振光旋光实验

【实验目的】

(1) 了解一些物质的旋光特性,测量旋光度。

(2) 测量旋光物质的旋光率及待测旋光物质的浓度。

(3) 了解和掌握光偏振现象,学习线偏振光的起偏和检偏原理。

【实验原理】 线偏振光通过某些物质的溶液后,偏振光的振动面将旋转一定的角度,这种现象称为旋光现象,旋转的角度称为该物质的旋光度。通常用旋光仪来测量物质的旋光度。溶液的旋光度与溶液中所含旋光物质的旋光能力、溶液的性质、溶液浓度、样品管长度、温度及光的波长等有关。当其他条件均固定时,旋光度 θ 与溶液浓度 C 呈线性关系,即

$$\theta = \beta C \tag{21-1}$$

式中,比例常数 β 与物质旋光能力、溶剂性质、样品管长度、温度及光的波长等有关,C 为溶液的浓度。

物质的旋光能力用比旋光度即旋光率来度量,旋光率用下式表示:

$$[\alpha]_\lambda^t = \frac{\theta}{l \cdot C} \tag{21-2}$$

式中,$[\alpha]_\lambda^t$ 右上角的 t 表示实验时温度(单位:℃),λ 是指旋光仪采用的单色光源的波长(单位:nm),θ 为测得的旋光度(°),l 为样品管的长度(单位:dm),C 为溶液浓度(单位:g/100ml)。

由式(21-2)可知:①偏振光的振动面是随着光在旋光物质中向前行进而逐渐旋转的,因而振动面转过角度 θ 与透过的长度 l 成正比;②振动面转过的角度 θ 还与溶液浓度 C 成正比。

如果已知待测物质浓度 C 和液柱长度 l,只要测出旋光度 θ 就可以计算出旋光率。如果已知液柱长度 l 为固定值,可依次改变溶液的浓度 C,就可测得相应旋光度 θ。做旋光度 θ 与浓度的关系直线,从直线斜率、长度 l 及溶液浓度 C,可计算出该物质的旋光率;同样,也可以测量旋光性溶液的旋光度 θ,确定溶液的浓度 C。

旋光性物质还有右旋和左旋之分。当面对光射来方向观察,如果振动面按顺时针方向旋转,则称右旋物质;如果振动面向逆时针方向旋转,称左旋物质。表21-1给出了一些药物在温度 $t=$20℃,偏振光波长为钠光 $\lambda \approx 589.3$nm(相当于太阳光中的D线)时的旋光率。

表21-1 某些药物的旋光率 [单位:(°)·g^{-1}·cm^3·dm^{-1}]

药名	$[\alpha]_\lambda^{20}$	药名	$[\alpha]_\lambda^{20}$
果糖	−91.9	桂皮油	−1~+1
葡萄糖	+52.5~+53.0	蓖麻油	+50以上
樟脑(醇溶液)	+41~+43	维生素	+21~+22
蔗糖	+65.9	氯霉素	−20~−17
山道年(醇溶液)	−175~−170	薄荷脑	−50~−49

【实验器材】 实验仪器主要有偏振光旋光实验仪和半荫旋光仪(糖量计)两种类型。本实验

中采用偏振光旋光实验仪。

偏振光旋光实验仪的结构如图21-1所示。它由光具座、带刻度转盘的偏振片2个、样品试管、样品试管调节架、光功率计等组成。

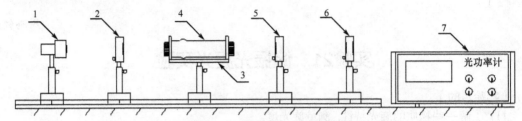

图21-1　偏振光旋光实验仪

1-半导体激光器(S); 2-起偏器及转盘P₁; 3-样品管调节架(R); 4-样品试管; 5-检偏器及转盘P₂; 6-光强探测器(硅光电池T); 7-光功率计(I)

偏振光旋光实验仪工作原理如图21-1所示，图中P_1为起偏器，P_2为检偏器，S为半导体激光器(波长$\lambda=650$)，R为盛放待测溶液的玻璃试管，由半导体激光器发出的部分偏振光经起偏器P_1后变为线偏振光，在放入待测溶液前先调整检偏器P_2，使P_2与P_1的偏振化方向垂直，透过P_2的光最暗，功率计示值重新变最小。当放入待测溶液后，由于旋光作用，透过检偏器P_2的光由暗变亮，功率计示值变大。再旋转检偏器P_2，使功率计示值重新变最小，所旋转的角度就是旋转角θ，这样就可以利用式(21-2)求出待测液体浓度。

【注意事项】

(1) 半导体激光器功率较强，不要用眼睛直接观察激光束。

(2) 半导体激光器不可直接入射至探测器上，以免损坏探测器。

(3) 测量时，一般将数字式光功率计的量程置于0~1.999mW挡，以后根据需要把量程减小到0~199.9μW挡。

(4) 测量应注意使激光束入射至探测器的中间部位。

【实验内容与步骤】　必做内容: 用偏振光旋光实验仪和(糖量计)测量糖溶液的浓度

(1) 观察光的偏振现象，研究葡萄糖水溶液的旋光特性。

用半导体激光器作光源在光具座上组装一台旋光仪。先将半导体激光器发出激光与起偏器、光功率计探头调节成高等同轴。调节起偏器转盘，使输出偏振光最强(半导体激光器发出的是部分偏振光)。将检偏器放在光具座的滑块上，使检偏器与起偏器等高同轴(检偏器与起偏器平行)。调节检器转盘使从检偏器输出光强为零，此时检偏器的透光轴与起偏器的透光轴相互垂直。将样品管(内有葡萄糖溶液)放于支架上，用白纸片观察偏振光入射至样品管的光点和从样品管出射光点形状是否相同，以检验玻璃是否与激光束等高同轴。如果不同轴可调节"样品管支架"下的调节螺丝使达到同轴为止。此时可观察到透过检偏器的光强不为零。θ便是该浓度溶液的旋光度。

(2) 用自己组装的旋光仪测量葡萄糖水溶液的浓度。

1) 配置不同的容积克浓度(单位: g/100ml)的葡萄糖水溶液。简单的方法是将各溶液浓度配成为C_0、$\dfrac{C_0}{2}$、$\dfrac{C_0}{4}$、$\dfrac{C_0}{8}$，加上纯水(浓度为零)，共5种试样，浓度C_0取24%至30%为宜。分别将不用浓度溶液注入相同长度的样品试管中，测出不同浓度C下旋光度θ。并同时记录测量环境温度t和记录激光波长λ。

2) 以溶液浓度为横坐标，旋光度为纵坐标，绘出葡萄糖溶液的旋光直线，由此直线斜率代入式(21-2)，求得该物质的旋光率$[\alpha]_{650}^{t}$。

3) 用旋光仪测出未知浓度的葡萄糖溶液样品的旋光度，再根据旋光直线确定其浓度。

(3) 用半荫旋光仪测葡萄糖水溶液的浓度，求得葡萄糖的旋光率$[\alpha]_{D}^{t}$。其中$D=589.3\text{nm}$，并与$[\alpha]_{650}^{t}$进行比较，证明旋光率与波长有关(约与波长的平方成反比)。

选做内容：测量果糖溶液的旋光率。

【实验数据与结果】

(1) 提供学生1个专用试管，学生自己配不同浓度的试样进行实验。

使用配好浓度为C_0的葡萄糖溶液，提供样品试管1个，5只一次性塑料杯(其中一只盛纯水)和搅拌棒1根。先把浓度为C_0的葡萄糖溶液将样品试管灌满后封好，进行旋光度测量，记录检偏器的消光位置，然后，将C_0浓度的样品试样倒入一次性杯子中，接着用水清洗样品试管，并倒入废液杯中。用样品试管作"量筒"，盛满纯水，倒入原先盛有C_0浓度容积等于样品试管杯中。用搅拌棒搅拌溶液，使其充分混合。便得到$\dfrac{C_0}{2}$浓度的葡萄糖溶液。同样只要每次测量前重复上述过程便得到$\dfrac{C_0}{4}$、$\dfrac{C_0}{8}$浓度的葡萄糖溶液，并测得相应的旋光度。

(2) 使用分别盛有浓度C_0、$\dfrac{C_0}{2}$、$\dfrac{C_0}{4}$、$\dfrac{C_0}{8}$葡萄糖溶液和纯水的样品试管共5个进行实验。试管上贴有溶液浓度和样品管长度l的标记。

【思考题】

(1) 什么是旋光现象？物质的旋光度与哪些因素有关？物质的旋光率怎么定义？

(2) 如何用实验的方法确定旋光物质是左旋还是右旋？

(3) 为何用检偏器透过光强为零(消光)的位置来测量旋光度，而不用检偏器透过光强为最大值(P_1和P_2透光轴平行)位置定旋光度？

(杨艳芳)

实验22　光电效应及普朗克常数测定

【实验目的】

(1) 加深对光电效应和光的量子性的理解。

(2) 学习验证爱因斯坦光电效应方程的实验方法，并测定普朗克常数。

【实验原理】　以合适频率的光照射在金属表面上，有电子从表面逸出的现象称为光电效应。它是赫兹于1887年首先发现的。在近代物理学中，光电效应在证实光的量子性方面有着重要的地位。1905年爱因斯坦在普朗克量子假说的基础上圆满地解释了光电效应，约十年后密立根以精确的光电效应实验证实了爱因斯坦的光电效应方程，并测定了普朗克常数。而今光电效应已经广泛地应用于各科技领域。利用光电效应制成光电器件光电管、光电池、光电倍增管等已成为生产和科研中不可缺少的器件。

1. 光电效应与爱因斯坦方程　观察光电效应的实验示意图如图22-1所示。GD为光电管，K为光电管阴极，A为光电管阳极；G为微电流计；V为数字电压表；R为滑线变阻器。调节R可使A、K之间获得从$-U$到0到$+U$连续变化的电压。当光照射光电管阴极时，阴极释放出的光电子在电场的作用下向阳极迁移，并且在回路中形成光电流。光电效应有如下的实验规律：

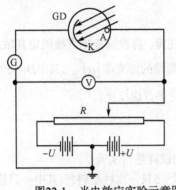
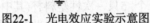

图22-1 光电效应实验示意图

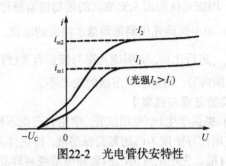

图22-2 光电管伏安特性

(1) 光强一定时，随着光电管两端电压增大，光电流趋于一个饱和值i_m，对不同的光强，饱和电流i_m与光强I成正比，如图22-2所示。

(2) 当光电管两端加反向电压时，光电流迅速减小，但不立即降到零，直至反向电压达到U_c时，光电流为零，U_c称为截止电压。这表明此时具有最大动能的光电子被反向电场所阻挡，则有

$$\frac{1}{2}m\upsilon_{max}^2 = eU_c \tag{22-1}$$

实验表明光电子的最大动能与入射光强度无关，只与入射光频率有关。

(3) 改变入射光频率ν时截止电压U_c随之改变，U_c与ν成线性关系如图22-3所示。实验表明，无论光多么强，只有当入射光频率ν大于ν_c时才能发生光电效应，ν_c称截止频率。对于不同金属的阴极ν_c的值也不同，但这些直线的斜率都相同。

(4) 照射到光电阴极上的光无论怎么弱，几乎在开始照射的同时就有光电子产生，延迟时间最多不超过10^{-9}秒。

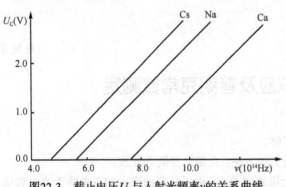

图22-3 截止电压U_c与入射光频率ν的关系曲线

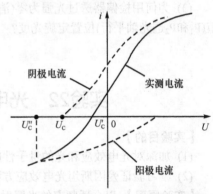

图22-4 实际测量的光电管的i-U曲线

上述光电效应的实验规律是光的波动理论所不能解释的。爱因斯坦光量子假说成功地解释了这些实验规律。他假设光束是能量为$h\nu$的粒子(称光子)组成的，其中h为普朗克常数，当光束照射金属时，以光粒子的形式射在表面上，金属中的电子要么不吸收能量，要么就吸收一个光子的全部能量$h\nu$。只有当这能量大于电子摆脱金属表面约束所需的逸出功W时，电子才会以一定的初动能逸出金属表面。根据能量守恒定律有

$$h\nu = \frac{1}{2}m\upsilon_{max}^2 + W \tag{22-2}$$

上式称为爱因斯坦光电效应方程。将式(22-1)代入式(22-2)，并知$\nu \geqslant W/h = \nu_c$，则爱因斯坦光电效应方程可写为

$$hv=eU_c+hv_c$$

$$U_c = \frac{h}{e}(v-v_c) \tag{22-3}$$

上式表明了U_c与v成一直线关系，由直线斜率k可求h，$h=ek$，由截距可求v_c。这正是密立根验证爱因斯坦方程的实验思想。

2. 实际测量中截止电压的确定 实际测量的光电管伏安特性如图22-4所示，它要比图22-2复杂。这是由于：

(1) 存在暗电流和本底电流。在完全没有光照射光电管的情况下，由于阴极本身的热电子发射等原因所产生的电流称暗电流。本底电流则是由于外界各种漫反射光入射到光电管上所致。这两种电流属于实验中的系统误差。实验时须将它们测出，并在作图时消去其影响。

(2) 存在反向电流。在制造光电管的过程中，阳极不可避免地被阴极材料所沾染，而且这种沾染在光电管使用过程中会日趋严重。在光的照射下，被沾染的阳极也会发射电子，形成阳极电流即反向电流。因此，实测电流是阴极电流与阳极电流的叠加结果。这就给确定截止电压U_c带来一定麻烦。若用交点U_c'来替代U_c，有误差；若用图中反向电流刚开始饱和时拐弯点U_c''替代U_c也有误差。究竟用哪种方法，应根据不同的光电管而定。本实验中所用的光电管正向电流上升很快，反向电流很小，U_c'比U_c''更接近U_c，故本实验中可用交点来确定截止电压U_c。

【实验器材】 普朗克常数测定仪(套)。

【实验器材描述】 仪器主要有光源(低压汞灯、光栏、限流器)、接收暗箱(干涉滤光片、成像物镜、光电管等)以及微电流放大器(机内装有供光电管用精密直流稳压电源)组成。光源与接收暗箱安装在带有刻度尺的导轨上，可以根据实验需要调节二者之间的距离，其结构原理如图22-5所示。

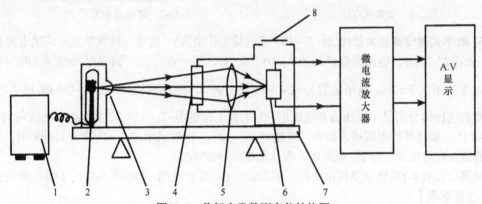

图22-5 普朗克常数测定仪结构图
1-汞灯限流器; 2-汞灯及灯罩; 3-光栏; 4-干涉滤光片; 5-成像物镜; 6-光电管; 7-带刻度导轨; 8-观察口

1. 光源 采用GP-20Hg仪用低压汞灯，光谱范围320.3～872.0nm，可用谱线365.0nm、404.7nm、435.8nm、491.6 nm、546.1 nm、577.0 nm、579.0 nm。汞灯安装在灯座上并用灯罩遮住。

2. 干涉滤光片 对干涉滤光片的主要指标是半宽度和透过率，透过某种谱线的干涉滤光片不应允许其附近的谱线透过。本仪器选用GP-20Hg低压汞灯发出的可见光中强度较大的四种谱线，所以仪器配以四种干涉滤光片，透过谱线分别为404.7 nm、435.8 nm、546.1 nm、577.0 nm，干涉滤光片全口径φ40mm，装在圆形镜框中，有效通光口径为φ37mm。使用时将它插入接收暗箱的进光口径内以得到所需要的单色光。

3. 物镜 采用专门为此测试仪设计的镜头，旋转接收暗箱前的进光筒，可调节物镜与光电管之间的距离，使汞灯成像在光电管阴极面上。

4. 光电管 采用1997型测h专用光电管，光谱响应范围320.0~670.0nm；最佳灵敏波长(350.0±20.0)nm；577.0nm单色光照射时截止电压与404.7nm单色光照射时截止电压之差为0.960~0.875V，暗电流约10^{-12}A；反向饱和电流与正向饱和电流之比$<\dfrac{5}{1000}$。

光电管安装在接收暗箱内。打开暗箱后侧板，松开光电管座螺钉，可调节光电管的左右位置；松开光电管上下紧固螺钉，可调节光电管的上下位置，使灯丝正好落在光电管阴极面中央。

在实验时打开接收暗箱顶部观察窗盖板，可观察汞灯在光电管阴极面上的成像情况。安装光电管时，同时打开暗箱侧盖板与顶部观察窗盖，光电管阳极与管座内伸出的两根线(端头已焊在一起)同时焊接后将光电管插入管座，将带有鳄鱼夹的接线夹住光电管顶部的阴极出线。光电管安装好后应按上面介绍的方法调节其高低位置，左右位置一般在出厂时已调好。安装示意图如图22-6所示。

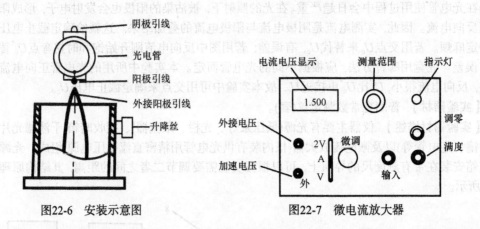

图22-6 安装示意图   图22-7 微电流放大器

5. 数字式微电流放大器(包括-2~+2V光电管工作电源) 这是一种数字显示式微电流测试仪器，如图22-7所示，电流测量范围10^{-8}~10^{-13}A，分六挡十进变位，开机60分钟后8小时内测量挡零点漂移不大于±2%，电压量程为-2~+2V及-200~+200V两挡；数显$3\frac{1}{2}$位LED数字电表，利用功能选择键分别显示电压值和电流值；光电管工作电源-2~+2V，机内供给，精密可调，稳定度<0.1%，如将外接电缆插入面板"外接电压"插孔，这时机内-2~+2V电源自动断开，外接电压直接加在电压调节器上，机外输入电压范围0~+200V。

机箱后设有X-Y函数记录仪接线柱，可以与记录仪配合使用，画出光电管i~U特性曲线。

【注意事项】

(1) 实验可不必在暗室进行。但为了提高测试精度，应尽量减少光照，特别不应使光线直射光电管。如果测试环境湿度较大而影响测试精度，可预先将光电管进行干燥处理。实验过程中应保持光源和光电管间的距离不变。

(2) 为延长光电管使用寿命，光孔应注意随时用遮光罩盖住，并注意防潮。

(3) 滤色片是较贵重的精密器件，切勿用手或非镜头纸触摸、揩擦玻片和污染玻片。注意玻片不能松动，务必平整放在窗口上。

(4) 本仪器应注意防震、放尘、防潮。汞灯及光电管外壳和聚光镜如沾染尘埃应及时用药棉蘸酒精、乙醚混合液轻擦干净。仪器应置于通风干燥处，平时应加防尘罩。

【实验内容与步骤】

1. 准备

(1) 用专用电缆将微电流仪输入端与接收暗箱输出端接口连接起来；将接收暗箱加速电压

输入端插座与放大器电压输出端插座连接起来;将汞灯座下侧电线与限流器连接好;将微电流仪与汞灯限流器接上电源,打开微电流仪背后右下侧的电源开关及汞灯限流器开关,充分预热(一般为20分钟左右)。

(2) 将测量范围旋钮调到"短路",除去遮光罩,打开观察窗盖,调整光源及物镜位置,使汞灯清晰地成像在光电管阳极圈中央部位,调整好后将遮光罩盖好。

(3) 将功能键拨至"A";旋转"调零"旋钮使放大器短路电流为"00.0"。将"测量范围"旋钮转至"满度",旋转"满度"旋钮使电流值为"100.0"。然后将"测量范围"旋钮再转至"短路",用调零电位器调整为"00.0"。

2. 测量光电管的 $i \sim U$ 特性曲线、测定截止电压

(1) 除去遮光罩,装上波长为404.7 nm的滤光片,将电表功能键拨至"2V",转动电压调节旋钮,使电表显示-2V,将电表功能键拨至"A",转动"测量范围"旋钮至 10^{-12} 挡,这时数字表显示的数值即为该电压下的电流值。

(2) 按上述方法从-2V至0V到2V之间选出若干个点,测得相对应的电流值,将数值分别填入表22-1。纵坐标以每厘米表示 10^{-12}A,横坐标以每厘米表示0.1V,在方格纸上作出 $i \sim U$ 特性曲线。

(3) 由于本仪器所用光电管的暗电流、反向电流很小,一般使用时可近似地将 $i \sim U$ 特性曲线负值段忽略,因此在测试 U_c 时只要将电表功能键拨至"A",测量范围旋钮拨至"10^{-12}"挡,缓慢调节加速电压,使光电流显示为"00.0",然后将功能键拨至"2V",这时显示的电压值即为此单色波长的截止电压 U_c。将数据填入表3-26中。

(4) 按上述方法依次换上435.8 nm、546.1 nm和577.0 nm滤色片,分别测得各单色光的 $i \sim U$ 特性曲线和 U_c 值。将数据填入表22-1、表22-2中。

【**实验数据与结果**】 数据记录表格如表22-1,表22-2所示。

表22-1 四种波长下光电管的 $i \sim U$ 值

404.7nm	U(V)						
	$i(\times 10^{-12}$A)						
435.8nm	U(V)						
	$i(\times 10^{-12}$A)						
546.1nm	U(V)						
	$i(\times 10^{-12}$A)						
577.0nm	U(V)						
	$i(\times 10^{-12}$A)						

表22-2 四种波长下光电管的 U_c 值

λ(nm)	404.7	435.8	546.1	577.0	$k=$
$\nu(\times 10^{14}$Hz)					$h=$
U_c(V)					$E=$

求普朗克常数和实验误差

1. 做 $U_c \sim \nu$ 的实验曲线 在方格纸上以纵坐标表示 U_c,每厘米代表0.1V。以横坐标代表频率,每厘米代表 10^{14}Hz,做出 $U_c \sim \nu$ 的实验曲线,它是一条直线。

2. 求普朗克常数和实验误差 在上述直线上取 ΔU_c 和相应的 $\Delta \nu$ 值,求出直线的斜率

$k = \dfrac{\Delta U_C}{\Delta \gamma}$，由$h=ek$即可求出$h$值。算出实验值与公认值($6.626\times10^{-34}$J·s)之间的百分偏差，将各数值填入表3-26中。

【思考题】

(1) 实验时能否将干涉滤光片插到光源的光阑口上？为什么？

(2) 从截止电压U_c与入射光频率ν的关系曲线，你能确定阴极材料的逸出功吗？

(3) 测定普朗克常数的实验中有哪些误差来源？实验中如何减少误差？

(盖立平)

实验23　黑体辐射定律及发光体能量曲线的研究

【实验目的】

(1) 掌握黑体辐射的基本原理，利用溴钨灯模拟验证黑体辐射定律。

(2) 利用黑体实验装置测量其他发光体的能量曲线。

(3) 利用观察窗观察光栅的二级光谱、黑体的色温。

(4) 利用实验装置进行创新实验设计。

【实验原理】

1. 热辐射的基本理论　在任何温度下物体都会向外发射出各种不同波长的电磁波，其辐射总能量随波长的分布与该物体的温度密切相关，这种现象就是热辐射。物体辐射出的能量称为辐射能。单位时间内的辐射能量即为辐射功率。

设在单位时间内，从物体单位表面积所发射的波长在λ和$\lambda+d\lambda$范围内的辐射能为dM，则dM和$d\lambda$之比称为该物体的单色辐射出射度，简称单色辐出度，用$M_\lambda(T)$表示。

$$M_\lambda(T) = \frac{\mathrm{d}M}{\mathrm{d}\lambda} \tag{23-1}$$

$M_\lambda(T)$是温度T和波长λ的函数，反映了在某一温度下辐射能随波长的分布情况。$M_\lambda(T)$的单位为瓦·米$^{-3}$(W·m^{-3})。

从物体单位表面积上发射的各种波长的辐射功率，称为物体的辐出度用$M(T)$表示。$M(T)$等于式(23-1)在全部波长范围内求积分。

$$M(T) = \int_0^\infty M_\lambda(T)\mathrm{d}\lambda \tag{23-2}$$

因此，$M(T)$只是温度T的函数。对于不同的物体和不同的表面情况，即使温度相同，它们的辐出度$M(T)$和单色辐出度$M_\lambda(T)$也不相同。某一温度下的物体的单色辐出度$M_\lambda(T)$随λ的变化关系曲线即为能量分布曲线。

黑体是一种完全的温度辐射体，它吸收全部的入射光辐射而一点也不反射。黑体辐射能量的效率最高，仅与温度有关，它的发射率是1，任何其他物体的发射率都小于1。

2. 黑体辐射定律

(1) 黑体辐射的光谱分布-普朗克定律：1900年，德国物理学家普朗克提出一个全新的黑体辐射公式，能够在所有波长范围内与实验结果相吻合。

$$M_\lambda(T) = \frac{2\pi hc^2 \lambda^{-5}}{e^{hc/(\lambda kT)} - 1} \tag{23-3}$$

(2) 黑体辐射的积分表达式—斯蒂芬-玻尔兹曼定律：在一定温度T下黑体的单色辐出度按

波长分布，在从零到无穷大的波长范围内，积分普朗克公式，得到黑体辐射出射度$M_0(T)$的积分表达式为

$$M_0(T) = \int_0^\infty M_{\lambda 0} \mathrm{d}\lambda$$

当温度升高时，黑体辐出度随温度的变化非常明显。斯蒂芬根据实验结果得出黑体的辐出度正比于其绝对温度T的四次方，即

$$M_0(T) = \sigma T^4 \tag{23-4}$$

其后，玻耳兹曼根据热力学理论证明了该公式，因此，称为斯蒂芬-玻耳兹曼定律。其中$\sigma = 5.67 \times 10^{-8} \mathrm{W \cdot m^{-2} \cdot K^{-4}}$，称为斯蒂芬-玻耳兹曼常数。

（3）维恩位移定律：对于每一温度T，$M_\lambda(T)$都有一最大值。与其对应的波长用λ_m表示。随着T的升高，λ_m的值趋于减小，表明λ_m与T成反比，即

$$T\lambda_\mathrm{m} = b \tag{23-5}$$

其中常数$b = 2.898 \times 10^{-3} \mathrm{m \cdot K}$。上式是维恩于1884年通过理论分析得出，称为维恩位移定律。它表明，当黑体温度升高时，其峰值波长λ_m减小，即向短波方向移动。可以根据维恩位移定律来测量远处高温物体的表面温度。

3. 金属钨的辐射　近似于可见光波段内的黑体光谱能量分布。它的熔点高，可达到3650K，所以钨可用来模拟黑体。

钨丝灯是一种选择性的辐射体，它的总辐射度$M_\lambda(T)$可由下式求出：

$$M_\lambda(T) = \varepsilon_T \sigma T^4 \tag{23-6}$$

式中ε_T为温度T时的总辐射系数，它是在给定温度下溴钨灯的辐射度与绝对黑体的辐射度之比，即

$$\varepsilon_T = \frac{M_\lambda(T)}{M_0(T)}, \text{ 或 } \varepsilon_T = 1 - \mathrm{e}^{-BT}$$

式中B为常数，$B = 1.47 \times 10^{-4}$。

钨丝灯的辐射光谱分布$M_\lambda(T)$为：

$$M_\lambda(T) = \varepsilon_{\lambda T} \cdot M_0(T) = \varepsilon_{\lambda T} \cdot \frac{2\pi h c^2 \lambda^{-5}}{\mathrm{e}^{hc/(\lambda kT)} - 1} \tag{23-7}$$

溴钨灯的工作电流与色温的对应关系见表23-1。

表23-1　溴钨灯的工作电流与色温的对应关系

电流(A)	实测色温(K)	电流(A)	实测色温(K)	电流(A)	实测色温(K)
1.7	2999	1.4	2548	1.1	2208
1.6	2889	1.3	2455	1.0	2101
1.5	2674	1.2	2303	0.9	2001

【实验器材描述】　本实验所用的黑体实验装置，由光栅单色仪、接收单元、溴钨灯、可调稳压溴钨灯光源、电源控制箱以及计算机、打印机组成，如图23-1所示。

【注意事项】

（1）严格按照软件提示进行电脑操作，不得任意更改实验参数。

（2）仪器连接要互相配合，有条理性，不能因忙乱而损坏设备。

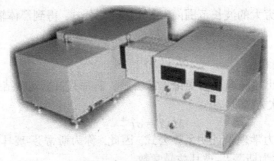

图23-1 黑体实验装置

【实验内容与步骤】

1. 验证黑体辐射定律

(1) 连接计算机、打印机、单色仪、接收单元、电控箱、溴钨灯电源、溴钨灯（各连接线接口一一对应）。

(2) 打开计算机、电控箱及溴钨灯电源，使机器预热20分钟。

(3) 将溴钨灯电源的电流调节为1.7A(即色温在2999K)扫描一条从800~2500nm的曲线，即得到在色温2999K时的黑体辐射曲线。

(4) 依次做不同色温下的各条黑体辐射曲线，分别存入各寄存器(最多可以存九条曲线)。

(5) 分别验证普朗克定律，斯蒂芬-波尔兹曼定律，维恩位移定律。

(6) 将实验数据及表格打印出来。

2. 测量其他发光体的能量曲线

(1) 将待测发光体(光源)置于仪器的入射狭缝处。

(2) 按照计算机软件提示的步骤，可以测量其发光体的辐照度(工作距离为594mm处的辐照度)。

(3) 按照计算机软件提示的步骤，可以测量其辐射能曲线(辐射度的光谱能量分布)。

(4) 将实验数据及表格打印出来。

3. 观察窗的演示实验 点击该实验后，按照提示操作，可以实现如下两种演示：

(1) 观察光栅的二级光谱：平面衍射光栅是由间距规则的许多同样的衍射元构成的，光栅上所有点的照明彼此间是相干的，从不同衍射元发出的子波是同位相的。因为所有的衍射元同位相，所以衍射光的相对能量除具有一个极大值即0级光谱外，还具有其他级次的光谱，如2级、3级光谱等。

本黑体测量实验装置的光谱扫描范围为800~2500nm，属于近红外波段，可见光谱带400~780nm的紫、兰、青、绿、黄、红光谱在800~2500nm近红外波段是看不到的，但紫、兰、青、绿、黄、红二级光谱会出现在800~1300nm区间，即在观察窗口的毛玻璃上可以看到从紫光到红光依次出现的彩色光谱带。

在1300~2500nm区间，同样可以观察到三级光谱的彩带。

(2) 观察黑体的色温：黑体是假想的光源和辐射源，是一种理想化概念，它是一种用来和别的辐射源进行比较的理想的热辐射体。根据定义，我们就不可能做出一个黑体。现在市场上出售的黑体实际上是用于校准的"黑体模拟器"，但是现在所有从事红外领域的工作者都把这类校准辐射源称为"黑体"。

所谓色温就是表示光源颜色的温度。一个光源的色温就是辐射同一色品的光的黑体的温度。

本黑体实验装置是通过改变溴钨灯电源控制箱的电流，实现改变色温的。

观察色温现象见表23-2。

表23-2　黑体的色温变化

电流(A)	实测色温(K)	相应的其他光源的色温	
1.7	2999	500W钨丝灯(复绕双螺旋灯丝)	3000K
1.6	2889	100W钨丝灯(复绕双螺旋灯丝)	2890K
1.5	2674	铱熔点黑体	2716K
1.4	2548		
1.3	2455	乙炔灯	2350K
1.2	2303	钠蒸汽灯(高压)	2200K
1.1	2208		
1.0	2101	铂熔点黑体	2043K
0.9	2001	蜡烛的火焰	1925K

【思考题】

(1) 黑体辐射规律有哪些？

(2) 为什么用溴钨灯模拟黑体？

(3) 利用该实验装置还能开发哪些实验内容？

【软件介绍】

1. 软件应用　进入黑体实验装置系统，将出现如下界面以选择您要进行的实验。其界面如图23-2所示。

(1) 验证黑体辐射定律：点击验证黑体辐射定律"进入"出现如图23-3所示。

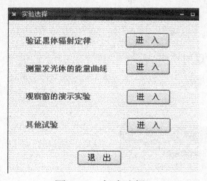

图23-2　实验选择　　　　　　　图23-3　复位提示

在进行实验前要先将仪器复位，以保证测量的准确度。点击"是"，仪器进入复位状态，见图23-4。

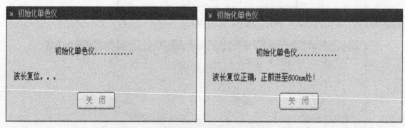

图23-4　系统复位

若仪器连接错误将出现错误提示界面，如图23-5所示。

若出现错误提示界面请您检查仪器的连接电缆是否连接好，检查电控箱电源是否打开。在系统复位正确后将进入主测试界面如图23-6所示。

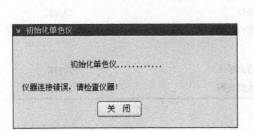

图23-5 错误提示

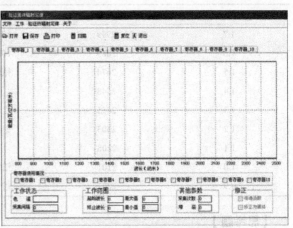

图23-6 验证黑体辐射定律

首先，点击工作菜单，将出现如下参数设置界面：

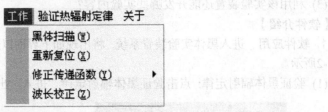

点击修正传递函数(Y)，将出现：

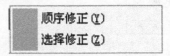

若选择顺序修正则出现：

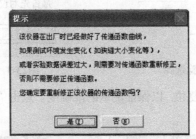

若修正传递函数，点击"是"则出现以下界面：

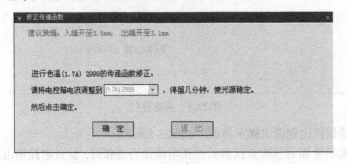

将溴钨灯电源控制箱上的电流值调制到1.7A后，点击"确定"则出现如下界面：

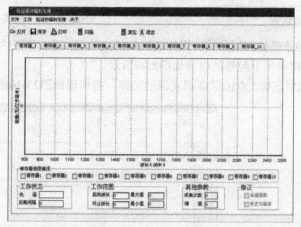

点击开始，即可完成色温2999K的传递函数扫描曲线。依次做1.6A、1.5A、1.4A、1.3A、1.2A、1.1A、1.0A、0.9A相应色温的传递函数扫描曲线。

以上九条传递函数扫描曲线完成后，系统将重新返回到主测试界面。

(2) 传递函数概念：黑体是一种完全的温度辐射体，是一种理想的辐射能源，故也称之为"完全辐射体"或"理想的温度辐射体"。该黑体实验装置使用溴钨灯模拟高温黑体，这种色温为3000K的高温黑体，国内称之为"超高温黑体辐射温度源"或称之为"黑体炉"。

任何型号的光谱仪在记录以溴钨灯作辐射光源的能量曲线和以高温黑体炉作辐射光源的能量曲线，是存在差异的。这是因为受仪器的结构，器件等因素的影响。这种差异或影响习惯称之为"传递函数"。

(3) 修正传递函数：仪器出厂时已作过传递函数，用户一般无需再作，在上面的"提示"界面中点击"否"即可。按"提示"中的要求如确需作传递函数，点击"是"，即可按上述做出九条传递函数扫描曲线。系统将会自动记录下新的传递函数。

(4) 修正黑体：尽管对传递函数作了修正，用该仪器中的光谱系统记录下来的光源能量的辐射曲线与黑体的理论辐射曲线还是有差距的。这是由于光谱仪中的各种光学元件，接受器件在不同波长处的响应系数影响，在加上滤光片等因素的影响。为此必须扣除这些影响，将其修正成黑体的理论辐射曲线，即所谓修正成黑体。

然后开始做黑体扫描，点击█ 扫描则出现如下界面(图23-7)：

其中红色标记为已经作过实验的，◉为选中要作实验的。点击"确定"出现如下界面(图23-8)。

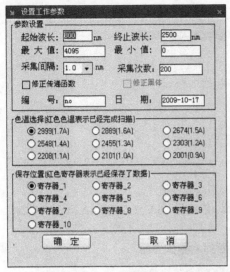

图23-7　参数设置

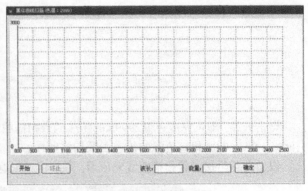

图23-8　黑体曲线扫描

依次最多可以做9条黑体扫描曲线。黑体曲线扫描成功后，可以验证热辐射定律。在验证热辐射定律菜单下包括的内容如图23-9所示。

1) 验证普朗克辐射定律: 点击"普朗克辐射定律"将出现如图23-10所示。

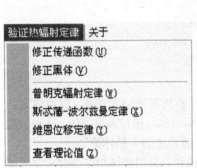

图23-9　验证内容

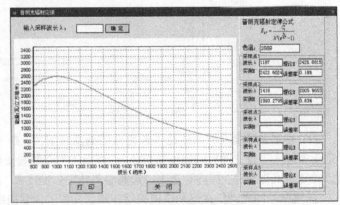

图23-10　普朗克辐射定律

方法:

A. 可以输入采样波长，然后点击确定，上面界面的右方立刻显示实测E值、理论E值及误差率。可以输入多个采样波长，分别点击确定后，上面界面的右方立刻分别显示实测E值、理论E值及误差率。

B. 可以用鼠标在曲线上点取: 上面界面的右方立刻显示波长值、实测E值、理论E值及误差率。可以在曲线上进行多点点取做实测E值和理论E值的比较。

2) 验证斯蒂芬-波尔兹曼定律(黑体实验装置系统中的斯忒藩-波尔兹曼定律), 如图23-11所示:

点击"斯忒藩-波尔兹曼定律"出现如图23-12。

图23-11 验证斯忒藩-波尔兹曼定律

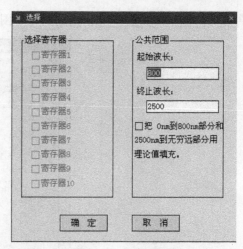

图23-12 选择对话框

验证斯忒藩-波尔兹曼定律通常用多个(一般不少于3个)扫描得到的不同色温的黑体辐射曲线数值。选中寄存器(如图23-12中的寄存器1, 2, 3)及公共范围中"把当前范围之外的部分使用理论值填充" (斯忒藩-波尔兹曼积分公式的波长积分域是从零到无穷远，而该仪器的波长范围是从800~2500nm，所以积分公式中积分域0~800nm及800~2500nm部分用理论值填充，否则计算结果误差较大。) 。

点击确定，将出现如下界面：

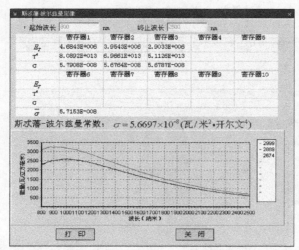

试比较三组数据中σ的平均值$\bar{\sigma}$与斯忒藩-波尔兹曼常数的差值。

3) 验证维恩位移定律：

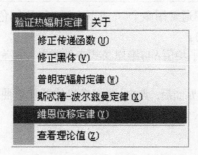

再点击"维恩位移定律"出现选择界面如图23-13所示。

图23-13　选择对话框

点击"确定"将出现:

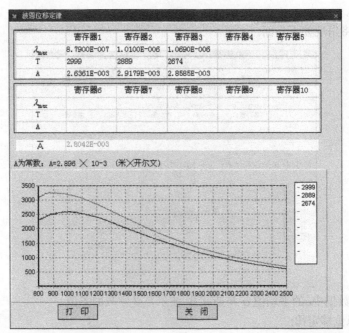

验证斯忒藩-波尔兹曼定律通常用多个(一般不少于3个)不同色温的黑体辐射曲线数值。选中寄存器(如图中的寄存器1, 2, 3)。

试比较三组数据中A值的平均值A与维恩公式中的常数A的差值。

测量发光体的能量曲线。

当系统进入"实验选择"界面后,点击 测量发光体的能量曲线"进入"将先后出现做验证黑体辐射定律实验一样的界面,直至进入测量的主界面如下:

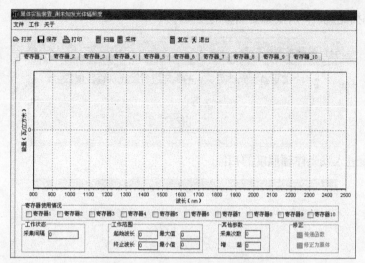

测未知发光体的辐照度，在快捷方式上点击扫描，系统将提示您操作步骤如下：

点击"确定"后将出现如下提示信息：

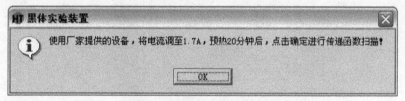

点击 OK 按钮，进入下一步操作，传递函数的扫描(图23-14)。

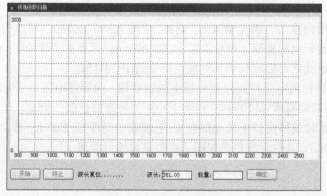

图23-14 传递函数扫描

传递函数扫描完成后，请换您要测量的发光体。

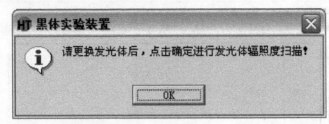

点击 OK 进入发光体辐照度的扫描:

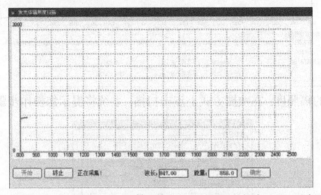

扫描完成后，点击确定，完成未知发光体辐照度的测量。点击 可察看扫描的数据。

观察窗演示实验: 在作观察窗演示实验之前先将拨杆拨到出缝2处，观察窗演示实验分为光栅的二级光谱演示实验和黑体的色温演示实验。

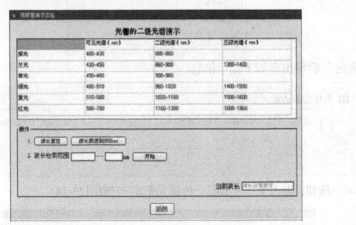

在波长检索范围内输入二级光谱范围，例如，先输入800~860nm，再点击"开始"，然后在观察窗处即可观察到紫色的光谱。然后再输入860~900nm，再点击"开始"，在观察窗处即可观察到兰色的光谱。如此就可以观察到其他颜色的光谱(图23-15)。

旋转黑体实验装置的电源控制箱前面板上的调节钮，例如使电流显示1.7A，此时观察窗口毛玻璃的色温(毛玻璃的亮度)是2999K，相当于30W荧光灯的色温(3000K)。然后再旋转调节钮，使电流显示1.6A，此时观察窗口毛玻璃的色温(毛玻璃的亮度)是2889K，相当于100W复绕双螺旋灯丝的色温(2890K)。其他光源色温如图"观察窗黑体色温演示"。

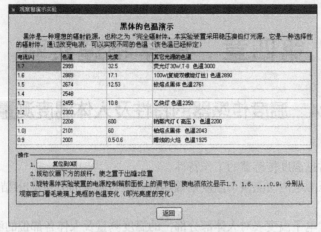

黑体的色温演示

黑体是一种理想的辐射能源，也称之为"完全辐射体"。本实验装置采用稳压溴钨灯光源，它是一种选择性的辐射体，通过改变电流，可以实现不同的色温（该色温已经标定）

电流(A)	色温	光度	其它光源的色温
1.7	2999	32.5	荧光灯 30w, T-8 色温3000
1.6	2889	17.1	100w(复瓦双螺旋灯丝) 色温2890
1.5	2674	12.53	钦熔点黑体 色温2761
1.4	2548		
1.3	2455	10.8	乙炔灯 色温2350
1.2	2303		
1.1	2208	600	钠汽灯（高压）色温2200
1.0)	2101	60	铂熔点黑体 色温2043
0.9	2001	0.5-0.6	蜡烛的火焰 色温1925

操作

1. 复位到0 [X00]
2. 拨动仪器下方的拨杆，使之置于出缝2位置
3. 旋转黑体实验装置的电源控制箱前面板上的调节钮，使电流依次显示1.7、1.6、……0.9，分别从观察窗口看毛玻璃上亮框的色温变化（即光亮度的变化）

返回

图23-15 观察窗黑体色温演示

（周鸿锁）

第四章 医学物理实验

实验24 温度传感器的特性及人体温度测量实验

【实验目的】

(1) 熟悉几种常见温度传感器的工作特性。

(2) 掌握用恒压源电流法测量负温度系数热敏电阻与温度的关系及PN结温度传感器正向电压与温度的关系。

(3) 了解数字式电子温度表对人体部分部位的温度测量及人体各部位的温差。

【实验原理】

1. NTC型热敏电阻

(1) 恒压源电流法测量热电阻: 电路如图24-1所示。电源采用恒压源, R_1为已知数值的固定电阻, R_t为热电阻, U_{R_1}为R_1上的电压, U_{R_t}为R_t上的电压, U_{R_1}监测电路的电流。当电路电压恒定、温度恒定时则U_{R_1}一定, 电路的电流I_0则为U_{R_1}/R_1只要测出热电阻两端电压U_{R_t}, 即可知道被测热电阻的阻值。当电路电流为I_0, 温度为T时热电阻R_t为:

$$R_t = \frac{U_{R_t}}{I_0} \tag{24-1}$$

(2) 负温度系数热敏电阻温度传感器: 热敏电阻是利用半导体电阻阻值随温度变化的特性来测量温度的, 按电阻阻值随温度升高而减小或增大, 分为NTC型(负温度系数热敏电阻)、PTC型(正温度系数热敏电阻)和CTC(临界温度热敏电阻)。NTC型热敏电阻阻值与温度的关系呈指数下降关系, 但也可以找出热敏电阻某一较小的、线性较好范围加以应用(如35~42℃)。如需对温度进行较准确的测量则需配置线性化电路进行校正测量(本实验没进行线性化校正)。以上三种热敏电阻特性曲线如图24-2所示。

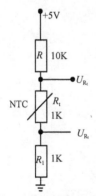

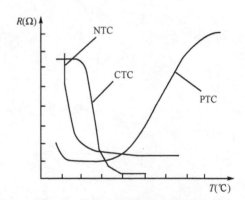

图24-1 热敏电阻温度传感器　　　　图24-2 热敏电阻的电阻-温度特性曲线

在一定的温度范围内(小于150℃)NTC热敏电阻的电阻R_T与温度T之间的关系为:

$$R_T = R_0 e^{B\left(\frac{1}{T} - \frac{1}{T_0}\right)} \tag{24-2}$$

式(24-2)中R_T、R_0是温度为T、T_0时的电阻值(T为热力学温度, 单位为K); B是热敏电阻材料常数,

一般情况下B为2000~6000K。热敏电阻一定,B为常数,对式(24-2)两边取对数,则有:

$$\ln R_T = B\left(\frac{1}{T} - \frac{1}{T_0}\right) + \ln R_0 \tag{24-3}$$

由式(24-3)可见,$\ln R_T$与$1/T$成线性关系,作$\ln R_T$-$1/T$直线图,用直线拟合,由斜率即可求出常数B。

2. PN结温度传感器 PN结温度传感器是利用半导体PN结的正向结电压对温度进行测量,实验证明电流一定,PN结的正向电压与温度之间具有线性关系。通常将硅三极管b、c极短路,用b、e极之间的PN结作为温度传感器测量温度。硅三极管基极和发射极间正向导通电压U_{bc}一般约为600mV(25℃),且与温度成反比。线性良好,温度系数约为-2.3mV/℃,测温精度较高,测温范围可达-50~150℃。PN结组成二极管的电流I和电压U满足下面关系式

$$I = I_s(e^{qU/kT} - 1) \tag{24-4}$$

在常温条件下,且$U > 0.1$V时,式(24-4)可近似为

$$I = I_s e^{qU/kT} \tag{24-5}$$

式(24-4)、(24-5)中,电子电量$q = 1.602 \times 10^{-19}$C;玻尔兹曼常数$k = 1.381 \times 10^{-23}$J·K^{-1},$T$为热力学温度,$I_s$为反向饱和电流。

正向电流保持恒定且电流较小条件下,PN结的正向电压U和热力学温度T近似满足下面线性关系

$$U = BT + U_{go} \tag{24-6}$$

式(24-6)中U_{go}为半导体材料在$T=0$K时的禁带宽度,B为PN结的结电压温度系数。实验测量如图24-3所示。图中用+5V恒压源使流过PN结的电流约为400μA(25℃)。

测量U_{be}时用U_{be1}、U_{be2}两端,作传感器应用时从U_0(PN结电路后放大器输出端)输出。

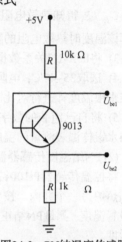

图24-3 PN结温度传感器

【实验器材描述】 实验装置面板分布如图24-4所示。

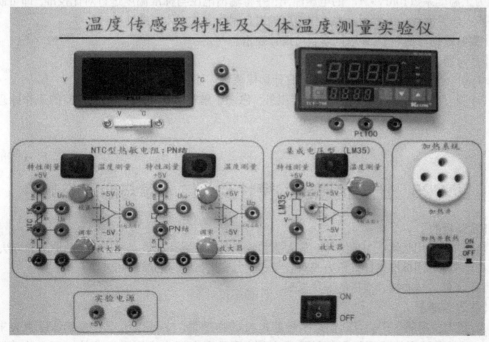

图24-4 实验装置面板图

实验装置有六部分，即温度传感器和放大器、电源、数字电压表、控温仪及干井恒温加热炉。实验时，按面板电路图插接好实验电路，将控温传感器(Pt100)插入干井式恒温加热炉的一个井孔，待测传感器插入另一个井孔就能进行实验。

【实验内容与步骤】

(1) 测量NTC型热敏电阻，电阻-温度特性曲线并制作数字式人体温度计。

1) 按面板指示相应颜色插接线与插座的接线，连接恒压源、热敏电阻等。将控温传感器Pt100铂电阻(A级)插入干井式恒温加热炉的中心井，另一只待测试的NTC热敏电阻(1kΩ)插入干井式恒温加热炉另一井。

2) 先测量室温时热敏电阻两端电压U_{R_t}，同时测量U_{R_1}电压，然后开启加热器，每隔5.0℃控温系统设置一次，在控温稳定2分钟后，测量热敏电阻两端的电压，同时测量U_{R_1}电压，由$I_0 = U_{R_1}/R_1$得知热敏电阻上通过的电流，直到60.0℃为止。根据$R_t = U_{R_t}/I_0$利用U_{R_t}、电流I_0，计算该温度时热敏电阻的阻值，从而得到NTC热敏电阻一系列温度时的电阻值。

3) 将$\ln R$-$1/T$关系数据进行拟合，得到R与$1/T$的关系公式，并求出常数B。

4) 选取35~42℃，电阻R与t(摄氏温度)近似呈线性关系的温度范围，制作数字温度计，并与标准水银温度计进行对比测量。

5) 将自己组装的数字式人体温度计，进行人体部分部位(腋下、眉心、手掌内)的温度测量并与水银体温表测量的温度进行比较，了解人体各部位温差的原因。

(2) PN结温度传感器温度特性的测量及应用。

将控温传感器Pt100铂电阻插入干井式恒温加热炉中心井，PN结温度传感器插入干井式恒温加热炉另一个井内。按要求插好连线，从室温开始测量，然后开启加热器，每隔10.0℃控温系统设置温度，测量PN结正向导通电压U与热力学温度T的关系，通过作图求PN结温度传感器的灵敏度。

制作电子温度计：将PN结的U随温度变化的电压(负温度系数-2.3mV·℃$^{-1}$)通过放大电路转化为正温度系数10mV·℃$^{-1}$的电压输出，并将输出电压与标准温度进行对比校准，即可制成数字式人体温度计。最后用标准水银温度计对自制数字式人体温度计进行校准。

【实验数据与结果】 要求同学自己设计表格。

【思考题】

(1) 本实验所用两种温度传感器各有什么优缺点？

(2) 除了本实验提到的温度传感器以外，你还了解哪些温度传感器？它们的工作原理是什么？

(商清春)

实验25 压力传感器的特性及人体心律与血压的测量

【实验目的】

(1) 掌握利用气体压力传感器、放大器和数字电压表组装成数字式压力表的原理和方法。

(2) 掌握利用标准指针式压力表对数字式压力表进行定标的原理和方法。

(3) 了解人体心律、血压的测量原理。

【实验原理】

1. 压力传感器 压力(压强)是一种非电量的物理量，它可以用指针式气体压力表来测量，也可以用压力传感器把压强转换成电压，用数字电压表来测量和监控。压力传感器是

一种用压阻原件组成的桥, 如图25-1所示。其原理如下:

给气体压力传感器加上+5V的工作电压, 气体压强范围为0~40kPa, 则它随着气体压强的变化能输出0~75mV(典型值)的电压, 在40kPa时输出40mV(min); 100mV(max)。由于制作技术的关系, 传感器在0kPa时, 其输出不为零(典型值 ±25mV), 故可以在1, 6脚串接小电阻来进行调整。

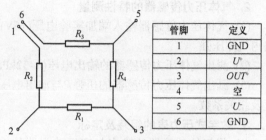

管脚	定义
1	GND
2	U^+
3	OUT^+
4	空
5	U^-
6	GND

图25-1　压力传感器原理示意图

2. 理想气体定律　理想气体的状态可用体积V、压强P、温度T来确定。在通常大气环境条件下, 气体可视为理想气体(气体压强不大), 理想气体遵守以下定律。

玻意尔(Boyle)定律: 对于一定量的气体, 假定气体的温度T保持不变, 则其压强P和体积V的乘积是一常数。即

$$P_1V_1 = P_2V_2 = \cdots\cdots = P_nV_n = 常数 \tag{25-1}$$

气体定律: 在任何一定量气体的压强P和体积V的乘积除以自身的热力学温度T为一个常数, 即

$$\frac{P_1V_1}{T_1} = \frac{P_2V_2}{T_2} = \cdots\cdots = \frac{P_nV_n}{T_n} = 常数 \tag{25-2}$$

【**实验器材描述**】　压力传感器特性及人体心律与血压测量实验仪面板如图25-2所示。它采用了压力传感器原件, 传感器把气体压强转换成电压, 配合数字电压表和放大器组成数字式压力表, 并用标准压力表定标。考虑到该仪器主要测量人体血压, 故测量气体压强范围固定为0~32kPa。仪器通电后, 除了测量仪表及"实验电源"外, 实验电路(传感器)要插上所指示规定的电源后才能工作, 放大器部分的电压, 内部已经接好。

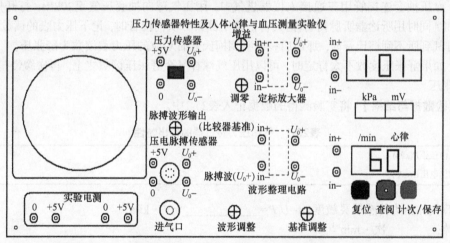

图25-2　压力传感器特性及人体心律及血压测量实验仪面板示意图

本实验仪器所用气体压力表为精密微压表, 测量压强范围应在全量程的4/5, 即32kPa。微压表的0~4kPa为精度不确定范围, 故实际测量范围为4~32kPa。实验时, 压气球只能在测量血压时使用, 不能直接接入进气口, 测量压力传感器特性时必须用定量输气装置(注射器)。

【**注意事项**】　实验时严禁加压超过36kPa(瞬态)。瞬态超过40kPa时, 微压表可能损坏!

【**实验内容与步骤**】

1. 实验前准备工作　接通电源, 打开仪器电源开关, 指示灯亮, 预热5分钟。

2. 气体压力传感器的特性测量

(1) 气体压力传感器输入端加实验电压(+5V)，输出端接数字式电压表，通过注射器改变管路内气体压强。

(2) 测出气体压力传感器的输出电压(4~32kPa范围内测8个点)。

(3) 画出气体压力传感器的压强P与输出电压U的关系曲线，计算出气体压力传感器的灵敏度及相关系数。

3. 数字式压力表的组装及定标

(1) 将气体传感器的输出与定标放大器的输入端连接，再将放大器输出端与数字电压表连接。

(2) 反复调整气体压强为4kPa与32kPa时放大器的零点与放大倍数，使放大器输出电压在气体压强为4kPa时为40mV，在气体压强为32kPa时为320 mV。

(3) 将放大器零点与放大倍数调整好后，琴键开关按在kPa挡，组装好的数字式压力表可用于人体血压或气体压强的测量及数字式显示。

4. 心律的测量

(1) 将压阻式脉搏传感器放在手臂脉搏最强处，插口与仪器脉搏传感器插座连接，接上电源(+5V)，绑上血压袖套，稍加些压(压几下打气体，压强以示波器能看到清晰脉搏波形为准，如不用示波器则要注意脉搏传感器的位置，调整到计次灯能准确跟随心跳频率)。

(2) 按下"计次、保存"按键，仪器将会在规定的1分钟内自动测出每分钟脉搏的次数，并以数字显示测出的脉搏次数。

5. 血压的测量

(1) 采用典型柯氏音法测量血压，将测血压袖套绑在手臂脉搏处，并把医用听诊器插在袖套内脉搏处。

(2) 血压袖套连接管用三通接入仪器进气口，用压气球向袖套压气至20kPa，打开排气口，缓慢排气，同时用听诊器听脉搏音(柯氏音)，当听到第一次柯氏音时，记下压力表的读数为收缩压，若排气到听不到柯氏音时，那最后一次听到柯氏音时对应的压力表读数为舒张压。

(3) 如果舒张压读数不太肯定时，可以用压气球补气至舒张压读数之上，再次缓慢排气，再读出舒张压。

【**实验数据与结果**】 将实验测得的数据记入表25-1中。

表25-1　气体压力传感器的输出特性

气体压强P(kPa)								
输出电压U(mV)								

计算气体压力传感器灵敏度：$A=U/P=$＿＿＿＿＿＿＿mV·kPa^{-1}

心律：＿＿＿＿＿次·min^{-1}

血压：收缩压=＿＿＿＿＿＿kPa；舒张压=＿＿＿＿＿kPa

【**思考题**】

(1) 定标的物理意义何在？

(2) 用标准指针式压力表校准组装的数字式压力表时，其读数偏大还是偏小？是什么因素导致这种情况？

(周鸿锁)

实验26　激光全息实验

【实验目的】

(1) 了解全息照相的基本原理, 熟悉制作全息图的基本条件。

(2) 学习全息照相的实验技术, 了解全息照相的基本特性, 拍摄合格的全息图。

(3) 掌握全息照相的记录和再现技术。

【实验原理】

1. 全息照相技术　普通照相是通过成像系统(照相机系统)使物体成像在感光材料上, 材料上的感光强度只与物体表面光强分布有关, 因为光强与振幅平方成正比。所以它只记录了光波的振幅信息, 无法记录物体光波的相位差别。因此, 普通照相记录的仅仅是物体的一个二维平面像, 从而缺乏立体感。

全息照相不仅记录了物体发出或反射的光波的振幅信息, 而且把光波的相位信息也记录下来, 所以全息照相技术所记录的并不是普通几何光学方法形成的物体像, 而是物体光波的本身。它记录了光波的全部信息, 并且在一定条件下, 能将所记录的全部信息完全再现出来, 因而再现的像是一个逼真的三维立体像。

全息照相包含两个过程: 第一, 把物体光波的全部信息记录在感光材料上, 称为记录(拍摄)过程。第二, 利用所选定的光源.照明已记录全部信息的感光材料, 使其再现原始物体的过程, 称为再现过程。

2. 全息照相的基本过程——记录和再现

(1) 激光再现全息照相(面全息)

1) 全息照相的记录——光的干涉: 图26-1(a)是激光全息照相记录过程中所使用的光路, 相干性极好的氦氖激光器发出激光束, 通过扩束镜, 将光束扩大后, 一部分光束均匀地照射到被摄物体上, 经物体表面反射(或透射)后再照射到感光材料(实验中采用的是全息感光胶片)上, 一般称这束光为物光; 另一部分光束经平面反射镜反射后, 直接均匀地照射到全息感光胶片上, 一般称这束光为参考光。

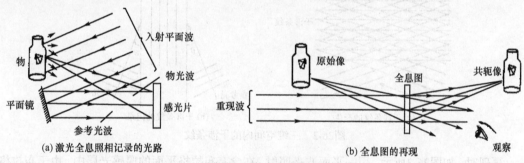

(a)激光全息照相记录的光路　　　　　　　(b)全息图的再现

图26-1　激光全息照相

这两部分光束在胶片上叠加干涉, 出现了许多明暗不同的条纹、小环和斑点等干涉图样, 被胶片记录下来, 再经过显影、定影等处理, 成了一张有干涉条纹的"全息照片"(或称全息图)。干涉图样的形状反映了物光和参考光之间的相位关系, 干涉条纹明暗对比程度(称为反差)反映了光的强度, 干涉条纹的疏密则反映了物光和参考光的夹角情况。

2) 全息照相的再现——光的衍射: 人之所以能看到物体, 是因为从物体发出或反射的光波被人的眼睛所接收。所以, 如果想要从全息图上看原来物体的像, 直接观察是看不到的, 而只能看到复杂的干涉条纹。要看到原来物体的像, 必须使全息图再现原来物体发出的光波, 这个过程就称为全息图的再现过程，它所利用的是光栅衍射原理。

再现过程的观察光路如图26-1(b)所示，一束从特定的方向或与原来参考光方向相同的激光束(通常称为再现光)照射全息图。全息图上每一组干涉条纹相当于一个复杂的光栅，按光栅衍射原理，再现光将发生衍射，其+1级衍射光是发散光；与物体在原来位置时发出的光波完全一样，将形成一个虚像，与原物体完全相同，称为真像；–1级衍射光是会聚光，将形成一个共轭实像；称为膺像。当沿着衍射方向透过全息图朝原来被摄物的方位观察时，就可以看到那个逼真的三维立体图像(真像)。

(2) 白光再现全息照相(体全息)：用于白光再现的全息图常称为反射全息图。因为它的光路非常简单、容易制作，并且可用白光进行再现，所以特别具有吸引力。

反射全息图实际上是一个三维全息图.如图26-2(a)所示，在两束相干光重叠的区域，都将发生干涉现象，形成的条纹平行于两束光的夹角的角平分线。也就是说，在三维空间内产生干涉条纹如果将具有很厚感光层的全息干板置于干涉区域(其厚度比干涉区域内干涉条纹的间距还大很多)，就能在感光层中形成银粒的密度分布，它对应于三维的干涉条纹。这种记录了三维干涉条纹的全息干板，即称为三维全息照片或者体全息照片。

在反射全息图制作中，参考光和物光分别从全息干板的正反两面照射，因此在于板感光层中形成平行于感光面的一层一层的干涉面，如图26-2(b)所示。

照相底片经显影后，在干涉极大处银密度较高，形成了高密度的银粒层，也是一个类似镜面的小反射平面，称为布拉格平面。设相邻两布拉格面之间的距离为d，则由图26-2(b)的几何关系可得

$$d=\lambda/2 \sin\theta \tag{26-1}$$

其中λ为参考光和物光的波长。

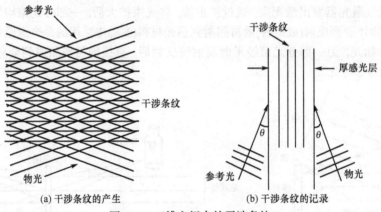

(a) 干涉条纹的产生 　　(b) 干涉条纹的记录

图26-2　三维空间内的干涉条纹

再现时，如图26-3所示，用一平面波来照射，在含有布拉格平面的厚感光层中，由于布拉格平面反射形成再现光。由几何关系可得

$$2d \sin\varphi=\lambda \tag{26-2}$$

式中，φ又称为布拉格角，λ为入射光波长。式(26-2)称为布拉格条件。

比较式(26-1)和式(26-2)可知，如果记录和再现时波长相同，最佳再现角φ必须等于拍摄时所用的角度θ。对于一个给定的角，只有一种波长的反射率是最大的。这种反射具有波长选择性，所以，用这种方法可以从含有几种波长的一个光源中选择一种波长从而得到一个单色的再现像，这就是白光再现全息图的艺术。

由式(26-1)可知, 当θ=90° 时, 布拉格平面间距d最小, 应等
于λ/2。由于可见光的波长约为0.5μm, 而感光层的厚度应该比间
距d大得多, 因此在厚度为10~20μm的感光层中, 就可以记录多达
30~60个布拉格平面。这个数目足以记录一张反射全息图并以白
光再现。如果用更厚一点的感光层来增加布拉格平面的数量, 则
可进一步改善再现像的质量。

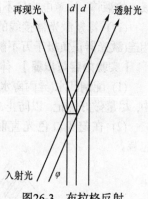

图26-3 布拉格反射

(1) 反射全息图的记录: 如图26-4所示, 扩束后的激光束从
具有厚感光乳剂层的全息干板的背面照在全息干板上作为参考
光。透过干板的光束照射到被拍摄物体上, 经物体漫反射回来的
光作为物光, 而从全息干板的前面射到干板上。物光和参考光的
夹角为180°, 由于常用感光乳剂材料的透过率为30%~50%, 因
而适合于拍摄表面漫反射强的物体, 否则很难满足参考光与物光的分束比要求。O、H之间的距
离通常被控制在1cm以内, 且尽量使物面大致平行于全息干板H。

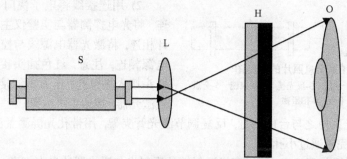

图26-4 拍摄反射全息图的光路

S-氦氖激光器; L-扩束镜(40X); H-全息干板(涂黑部分代表感光乳剂层); O-被拍摄物体

(2) 反射全息图的再现: 再现时, 乳剂面朝上(对着白光)可看到再现实像; 乳剂面朝下(背着
光)则可看到再现虚像。

【实验器材】 激光全息控制主机(包括激光功率计、曝光定时器、氦氖激光器电源)、激光
全息减振平台、氦氖激光器、电子快门、反射镜(三维可调)、扩束镜、干板固定架及载物台、
激光功率探测器、光屏(含调节激光准直的通光孔)、白炽灯光源、四个冲洗器皿、异丙醇、量
桶、竹夹、电吹风、玻璃刀、全息干板等。

【注意事项】

(1) 切全息干板时尽量避免强光, 并尽量放置在干燥环境下。

(2) 拍摄前的光路调整应该按照光路前进的顺序来调整各部件。

(3) 尽量把反射镜和扩束镜放置在靠近平台边缘, 便于为载物台的调节留出较大空间。

(4) 测光强时需要测量硬币所在位置圆斑的最大光强。

(5) 平台静置期间, 最好不要干扰平台及桌子。

(6) 40%, 60%, 80%三种异丙醇溶液的冲洗时间严格遵守。

(7) 触摸全息干板两面边缘, 粗面为药物面, 光滑面为玻璃面。

(8) 在每种溶液浸泡期间, 干部要药物面朝下, 悬浮在液体中, 并且时刻晃动着, 以使反应
充分。

(9) 干板从一种溶液换到下一种溶液时, 要尽量快速, 以避免前一种的反应时间延长。

(10) 用电吹风吹干干板的药物面, 并在日光灯下随时观察, 要求把影像吹成绿色及吹干干

板上的液体, 注意电吹风不能直接长时间的对着药物面, 可晃动着, 用流动的风吹。

(11) 氦氖激光器接线的时候, 注意: 必须红色插头和红色插座相连, 黑色插头与黑色插座相连(激光器正负极千万不能够接反), 否则会对氦氖激光器造成损坏。

【实验内容与步骤】 体全息(白光再现全息)照片的拍摄

(1) 配制药水(异丙醇水溶液, 浓度40%、60%、80%、100%各一份), 然后分别置于4只器皿中, 尽量做好标记, 以防止冲洗干板时搞错。

(2) 在避免红色光直射的环境中, 裁切尺寸大小为50mm×40mm左右的干板, 并遮红光包装。

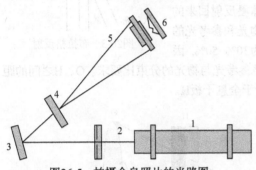

图26-5 拍摄全息照片的光路图

1-氦氖激光器 2-电子快门 3-反光镜 4-扩束镜 5-全息
干板 6-拍摄物

(3) 光路调整和拍摄(按图26-5布置光路进行拍摄)。要求使光路中各光学元件的光学中心共轴。具体方法为:

1) 先固定激光器的高度, 使激光束的高度大致满足该平台实验的要求。

2) 用连接线将电子快门与曝光定时器相连, 将光电探测器与实验仪主机上的激光功率计相连, 将激光器电源线与控制主机上激光器电源相连, 注意: 红色插头接入红色孔, 黑色插头接入黑色孔, 千万不能接错, 以免损坏氦氖激光器, 接通主机电源。

3) 调节激光束使之与台面平行, 反复调节激光管夹架, 用带孔光屏测量激光束前后二点, 要求两次都能够完整通过小孔。

4) 放入反射镜并调整之, 使光束经反射镜的反射光与激光器的光束等高, 并用带孔光屏检查反射光的前后两点(注意: 调节步骤2)～3)过程可能要反复多次进行)。

5) 激光器出口附近放上电子快门, 按曝光定时器上的"复位"键, 使电子快门通光。调整电子快门并使激光束处于电子快门的进出光孔中央, 接着按动"确定"键(按动"复位"键后再按"确定"键可以实现电子快门的关断), 试验快门对激光束的关断能力, 确定可以后按动"切换"和"加1"键设定曝光时间, 再按"确定"键, 实验曝光定时器对电子快门的固定时间控制能力, 确定无误后即可以完成后面实验。

6) 安放扩束镜, 使扩束镜尽量靠近反射镜, 再用光屏检查光斑(激光束应该先进入扩束镜两端较大孔的一端, 再从较小孔的一端出射, 以避免衍射), 应是一个完整的高斯圆斑。

7) 放载物台于扩束斑的线路上, 在载物台上装有用小磁石吸附的凹凸立体图样的拍摄物品(如壹圆硬币等), 打开电子快门, 让扩束斑射拍摄物品上, 调整在物台, 使拍摄样品正对激光光束(要求激光束完全照射覆盖硬币, 建议为硬币直径的2倍)。

8) 用光功率计检测扩束斑的强度, 调整载物台及拍摄物品使扩束斑的光强满足光阑第四大孔设置时光功率计显示$2.5\sim4.5\,\mu W$。

9) 设置曝光时间, 一般为$15\sim25$s, 方法为按动"切换"键设置位数, 按动"加1"键, 循环设置数字, 设置好后不要按"确定"键, 此时电子快门处于关断状态, 在载物台的的槽内放入全息照相干板[注意: 药膜面(涂有感光乳剂的表面)应朝向拍摄物品。分辨膜面的方法是用手摸干的边缘部分, 感觉不光滑的一面是药膜面], 将螺钉轻轻固紧。

10) 安装完毕, 静置3～5分钟, 按曝光定时器"确定"键, 打开快门。曝光一定时间。注意曝光时避免实验平台振动, 最好实验室内操作人员也不要来回走动。

11) 取出全息干板。重新设置曝光定时器, 如设置"1000s"按动"确定"键, 此时曝光定时器作为电子秒表计时用。

(4) 白光再现全息照片的显影、定影处理。

1) 将拍好的全息干板按40%→100%次序依次放入配好的异丙醇溶液中脱水显影，浸泡时间为(供参考)：40%溶液—10s、60%溶液—60s、80%溶液—15s、100%溶液—150s左右，浸至出现彩色影像。

2) 当彩色影像出现后，即取出，用吹风机热风吹干，并在白炽灯下随时观察。当吹干到某一程度，即会观察到白光再现的立体图像。此时即可停止吹风。

3) 保存处理：将干净的薄玻璃板紧贴住全息照片药膜面，四周用环氧胶或硅胶封闭，以防干板药膜受潮而使图像消失。

(5) 全息再现：再现的虚像是由全息图的反射光形成的。处理好的全息照片在白光照射下，按一定角度观察，即可看到所拍摄的立体图像。

【思考题】

(1) 全息照相与普通照相有哪些不同？全息图的主要特点是什么？

(2) 为什么反射全息图可以用白光来再现？

(3) 三维全息图和平面全息图的主要区别是什么？

(4) 绘出拍摄全息图的基本光路，说明拍摄时的技术要求。

(5) 为什么在拍摄全息图时，需要考虑参考光束与物光光束的光强比？

(商清春)

实验27　超声波声速与声阻抗的测定

【实验目的】

(1) 了解超声波的产生及驻波的形成原理。

(2) 用驻波法测量超声波的声速。

(3) 测定空气的声阻抗。

(4) 观察相互垂直谐振动合成的李萨如图形。

【实验原理】

1. 驻波的形成及测定超声波的声速　机械振动在弹性介质中的传播形成机械波。波在介质中的传播速度c由介质的物理性质所决定。它和波长λ及振源的频率v有如下关系：

$$c = v\lambda \tag{27-1}$$

本实验采用驻波的共振干涉法和相位比较法，测量超声波在空气中的传播速度。

由声源发出的平面简谐波以某一频率在介质中沿x方向传播，若遇到障碍物，就在其界面处以相同的振动方向、振幅和频率沿同一方向反射回去，与入射波形成两个相向传播的相干波，叠加而成驻波。平面简谐波的波动方程分别为：

$$y_1 = A\cos 2\pi\left(vt - \frac{x}{\lambda}\right)$$

$$y_2 = A\cos 2\pi\left(vt + \frac{x}{\lambda}\right)$$

叠加后合成的波动方程为：

$$y = y_1 + y_2 = A\cos 2\pi\left(vt - \frac{x}{\lambda}\right) + A\cos 2\pi\left(vt + \frac{x}{\lambda}\right) = \left(2A\cos 2\pi\frac{x}{\lambda}\right)\cos 2\pi vt$$

由上式得: 合成波在介质中的各点都作同频率的简谐振动。各点的振幅为 $2A\cos 2\pi\dfrac{x}{\lambda}$, 与时间 t

无关, 是位置 x 的余弦函数。对应于 $\left|\cos 2\pi\dfrac{x}{\lambda}\right|=1$ 的各点振幅最大, 即是两列波的振幅之和(相位相同的点), 质点的振动始终加强, 这些点称为波腹, 对应于 $\left|\cos 2\pi\dfrac{x}{\lambda}\right|=0$ 的各点振幅最小, 合振幅为零(相位相反的点), 质点的振动减弱, 这些点称为波节。因此在介质中形成一个强弱

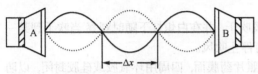

图27-1 驻波的形成

稳定分布的声场。空气中形成的驻波如图27-1所示, A端面为声波发射器, B端面为声波接收器。

要使 $\left|\cos 2\pi\dfrac{x}{\lambda}\right|=1$, 应有

$$2\pi\frac{x}{\lambda}=\pm n\pi \qquad n=0, 1, 2, \cdots$$

即两端面间的距离为

$$x=\pm n\frac{\lambda}{2} \qquad n=0, 1, 2, \cdots$$

声波在A、B两端面间形成驻波, 反射界面B处是波节, 相邻两波腹间的距离就是 $\lambda/2$。

同理, 可求出波节的位置是:

$$x=+(2n+1)\frac{\lambda}{4} \qquad n=0, 1, 2, \cdots$$

相邻两波节之间的距离也是 $\lambda/2$。

在驻波中, 根据质点位移、声压表达式, 得出波腹处的声压最小, 波节处声压最大, 故可从B端面处声压的变化来判断驻波是否形成。当A、B两端面间的距离为 $x_n=n(\lambda/2)$ 时B端面处波节的声压最大(用毫伏表观察), 此时系统A、B两端面间形成驻波。移动B端面接收器, 增大A、B两端的距离, B端面处的声压将减小, 直到系统A、B两端面间的距离增大到 $x_{n+1}=(n+1)(\lambda/2)$ 时B端面处的声压又达到最大, 此时A、B两端面间又形成驻波。所以, 测得相邻不间断的各个波节(或波腹)的位置 $x_1, x_2, \ldots, x_{12}$, 用逐差法处理数据, 求出 Δx 的平均值, 即可得到声波的波长:

$$\lambda=2\overline{\Delta x} \tag{27-2}$$

将上式代入式(27-1)中可计算声速 c。本实验的声波频率并不十分高, 属准超声, 它可在空气中传播, 且可形成驻波, 便于测量, 故同样可采用上述方法测其声速。

2. 声波声速理论值的计算 声波在弹性介质中传播的速度, 不仅由介质的物理性质所决定, 而且还与温度有密切关系。声波在理想气体中的传播速度为:

$$c=\sqrt{\frac{RT}{M}}$$

式中 γ 为定压比热容与定容比热容之比, $R=8.314\text{J}/(\text{mol}\cdot\text{K})$ 为摩尔气体常数, T 是热力学温度, M 是分子质量。由此可见, 理想气体中声速与介质热力学温度的平方根成正比, 而与声波的频率、介质的压强无关。可见, 温度是影响空气中声速的主要因素。如果忽略空气中的水蒸气和其他杂物的影响, 在0℃($T_0=273.15\text{K}$)时的声速:

$$c_0=\sqrt{\gamma\frac{RT_0}{M}}=331.45\text{m}\cdot\text{s}^{-1}$$

在 t℃时的声速:

$$c = \sqrt{T \frac{\gamma R}{M}} = \sqrt{(273.15 + t) \frac{\gamma R}{M}} = \sqrt{273.15 \frac{\gamma R}{M}} \cdot \sqrt{1 + \frac{t}{273.15}} = c_0 \sqrt{1 + \frac{t}{273.15}} \quad (27\text{-}3)$$

式中t是摄氏温度。由(27-3)式可计算任一温度t时声速的理论值。也可不通过计算在表27-1中直接查找不同温度下空气中声速的理论值。

表27-1 不同温度下干燥空气中的声速

$t(℃)$	$c(\mathrm{m \cdot s^{-1}})$	$t(℃)$	$c(\mathrm{m \cdot s^{-1}})$	$t(℃)$	$c(\mathrm{m \cdot s^{-1}})$	$t(℃)$	$c(\mathrm{m \cdot s^{-1}})$
0	331.450	10.5	337.760	20.5	343.633	30.5	349.465
1.0	332.050	11.0	338.053	21.0	343.955	31.0	349.753
1.5	332.359	11.5	338.355	21.5	344.247	31.5	350.040
2.0	332.661	12.0	338.652	22.0	344.539	32.0	350.328
2.5	332.963	12.5	338.949	22.5	344.830	32.5	350.614
3.0	333.265	13.0	339.246	23.0	345.123	33.0	350.901
3.5	333.567	13.5	339.542	23.5	345.414	33.5	351.187
4.0	333.868	14.0	339.838	24.0	345.705	34.0	351.474
4.5	334.199	14.5	340.134	24.5	345.995	34.5	351.760
5.0	334.470	15.0	340.429	25.0	346.286	35.0	352.040
5.5	334.770	15.5	340.724	25.5	346.576	35.5	352.331
6.0	335.070	16.0	341.019	26.0	346.966	36.0	352.616
6.5	335.370	16.5	341.314	26.5	347.156	36.5	352.901
7.0	335.670	17.0	341.609	27.0	347.455	37.0	353.186
7.5	335.970	17.5	341.903	27.5	347.735	37.5	353.470
8.0	336.269	18.0	342.197	28.0	348.024	38.0	353.755
8.5	336.568	18.5	342.490	28.5	348.313	38.5	354.039
9.0	336.866	19.0	342.784	29.0	348.601	39.0	354.323
9.5	337.165	19.5	343.077	29.5	348.889	39.5	354.606
10.0	337.463	20.0	343.370	30.0	349.177	40.0	354.890

3. 测定空气的声阻抗 介质的声阻抗Z是声介质的力学量,定义为声压与声振动速度之比。声阻抗在声波的传播中起重要作用,当声压与声振动速度同相位时

$$Z = \rho \cdot c \quad (27\text{-}4)$$

由于声速c、ρ与温度有关,故声阻抗也与温度有关。

4. 两个同频率、同振幅、互相垂直的谐振动的合成 设有一个质点同时参与两个同频率、同振幅、互相垂直的谐振动,它们的振动方程分别为:

$$x = A \cos(\omega t + \varphi_1)$$
$$y = A \cos(\omega t + \varphi_2)$$

合并两式消去t,得合振动轨迹方程:

$$x^2 + y^2 - 2xy \cos(\varphi_2 - \varphi_1) = A^2 \sin^2(\varphi_2 - \varphi_1) \quad (27\text{-}5)$$

一般来说,这是个椭圆方程。图27-2表示相位差为某些特殊值时合成振动的轨迹,即合振动在一直线、椭圆或圆上进行,这些不同的轨迹就是李萨如图形。轨迹的形状和运动方向由分振动振幅的大小和相位差决定。

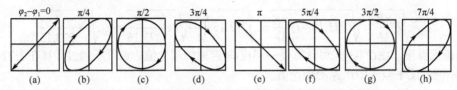

图27-2 两个同频率、同振幅、互相垂直的谐振动的合成

由波动理论可知，若发射器A与接收器B的距离为L，则发射器A处的波与接收器B处的波相位差为

$$\Delta\varphi = 2\pi\frac{x}{\lambda}$$

当形成稳定驻波时

$$x = n\frac{\lambda}{2} \qquad n = 0, 1, 2, \cdots$$

则 $$\Delta\varphi = n\pi$$

即 $$\Delta\varphi = 0, \pi, \cdots, n\pi$$

实验时通过改变距离x，用示波器观察李萨如图形可知$\Delta\varphi$的变化，当相位差改变π时，相应x改变半个波长。由此可求出波长λ，再由式(27-1)求出声速c。

【实验器材描述】 超声波声速测定仪、低频信号源、示波器、毫伏表。

超声波声速测定仪是由压电换能系统A和B、游标尺、固定支架等部件组成，如图27-3所示。压电换能系统是将声波(机械振动)和电信号进行相互转换的装置，它的主要部件是压电换能片。当输入一个电信号时，系统便按电信号的频率作机械振动，从而推动空气分子振动产生平面声波。当系统受到机械振动时又会将机械振动转换为电信号。

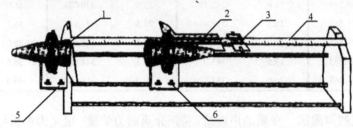

图27-3 超声波声速测定仪

1-声波信号发生器; 2-声波信号接收器; 3-游标尺附尺; 4-游标尺主尺; 5-信号输入插孔; 6-信号输出插孔

系统A作为平面声波发生器，固定于支架上，电信号由低频信号源发生器输入，电信号的频率读数可直接在上面读出。压电换能系统B作为声波信号的反射界面和接收器，固定于游标尺的游标上，系统A和B之间的相对距离的变化量，由游标卡尺直接读出，转换的电信号可由毫伏表指示。为了在系统A、B端面间形成驻波，两端面相向且必须严格平行。

支架的结构采取了减震措施，能有效地隔离两换能系统间通过支架而产生的机械震动耦合，从而避免了由于声波在支架中传播而引起的测量误差。

【注意事项】

(1) 测量x时必须轻而缓慢地调节，手勿压游标尺以免主尺弯曲而引起误差。

(2) 注意信号源不要短路，以防烧坏仪器。

(3) 两压电换能系统的端面不可接触，且严格平行。

(4) 使用过程中要保持输入信号电压值不变。

【实验内容与步骤】

1. 共振干涉法

(1) 按图27-4连接各仪器。用屏蔽导线将压电换能系统A的输入接线柱与低频信号源的输出端连接，用屏蔽导线将压电换能系统B的输出接线柱与毫伏表的输入端连接。连接时注意极性，将红端与红端相连、黑端与黑端相连。

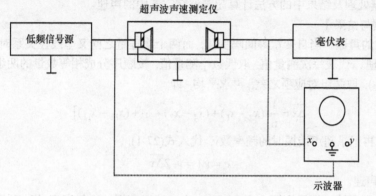

图27-4　实验装置图

(2) 调整系统A固定卡环上的紧定螺丝，使系统A的端面与卡尺游标滑动方向垂直。锁定后再将系统B移近系统A，同时调整其固定卡环上的紧定螺丝，使系统B的端面与系统A的端面严格平行。调整好两只换能系统位置后，拧紧两只紧定螺丝，并保持换能系统位置固定。移动游标，使两只换能系统端面靠近，但不可接触，否则会改变发射换能系统的谐振频率。

(3) 合上仪器电源开关，调节频率调节旋钮，同时观察系统A的谐振指示灯，当指示灯亮度最大时，系统A处于谐振状态，即有声波输出。仪器面板上五位荧光数码管在停止计数时的显示值，即为输出信号的频率数。毫伏表的量程开关先置于3V挡，然后根据需要再作适当调节。

(4) 极缓慢地调节游标尺的游标，使系统B缓慢地离开系统A，同时观察毫伏表上的指示数，每当出现一个最大的指示数时，从游标卡尺上读出两系统间的距离，依次记下波节的位置x_1，x_2，...，x_{12}，不间断地测量12个数据，用逐差法处理数据，求出Δx。

(5) 按实验步骤(2)、(3)、(4)重做两次，记录好各次的测量数据。按数据处理及结果中给出的方法计算超声波在空气中的声速。

(6) 记录室温。由表27-1查出该室温下干燥空气中的声速理论值，并与超声波声速的实验值作比较，计算其相对误差。

(7) 根据计算所得的超声波在空气中的声速，由表27-2查出该温度下的空气密度，代入式(27-4)中，就可计算空气的声阻抗Z。

表27-2　不同温度下空气的密度

t(℃)	0	7	20	22	27
ρ(kg·m^{-3})	1.29	1.26	1.21	1.18	1.17

注: 具体不同温度下空气的密度可用插值法求出。

2. 相位比较法

(1) 在共振干涉法实验内容与步骤中的前三点基础上，按图27-4用屏蔽导线将系统A(同时连着低频信号源的输出端)和系统B的输出接线柱分别与示波器x轴和y轴输入端相连接。接通示波器电源，调节X、Y轴衰减和增益旋钮，使示波器荧光屏上显示相互垂直的谐振动合成的李萨如图形。为了便于准确判断相位关系，将系统A和系统B调整到相位差$\Delta\varphi=0$或$\Delta\varphi=\pi$的位置。

(2) 缓慢的旋转低频信号源频率微调旋钮或调节游标尺的附尺(系统B缓慢离开系统A)。当形成稳定驻波时，两相位差为$n\pi$，李萨如图形为一直线，记下此时游标卡尺上两系统间的距离；继续调节游标，依次记下波节的位置x_1，x_2，...，x_{12}，不间断地测量12个数据，用逐差法处理数据，求出Δx。如果两个分振动的频率接近，其相位差将随系统B的移动而连续地变化，合振动轨迹将按图27-2所示的顺序变化，依次循环。

(3) 按数据处理及结果中的方法计算超声波在空气中的声速。

【实验数据与结果】

1. 超声波的声速 当自变量等间隔变化，而两个物理量之间又呈线性关系时，可采用逐差法进行数据处理。x代表每次测量值，取偶数个测量值，按顺序分成相等数量的两组$(x_1, x_3, ..., x_{11})$和$(x_2, x_4, ..., x_{12})$，取两组对应项之差，再求平均，即

$$\overline{\Delta x} = \frac{1}{6}\left[(x_2 - x_1) + (x_4 - x_3) + \cdots + (x_{12} - x_{11})\right]$$

根据式(27-2)，再记录超声谐振时的频率数ν，代入式(27-1)：

$$c = \nu\lambda = \nu \cdot 2\overline{\Delta x}$$

即得超声波的声速。

2. 空气的声阻抗 记录室温t，在表27-2中查出该温度下的空气密度ρ值，利用上面计算的c值，代入式(27-4)

$$Z = \rho \cdot c$$

即得空气的声阻抗Z。

3. 超声波声速相对误差 $E = \dfrac{|c - c_{理}|}{c_{理}} \times 100\%$

【思考题】

(1) 在本实验装置中驻波是怎样形成的？

(2) 为什么在测x时不测量波腹间的距离，而要测量波节间的距离？

(3) 为什么在测量x时系统A、B两端面要始终保持严格平行？

(4) 当两换能系统端面间的距离较远，接收信号又较弱，这时如果毫伏表的量程太大，不便于观察，应当如何处理？

(周鸿锁)

实验28　A型超声诊断仪的原理及使用

【实验目的】

(1) 了解超声波产生和发射的机理。

(2) 用A型超声实验仪测量水中声速或测量水层厚度。

(3) 用A型超声实验仪测量固体厚度及超声无损探伤。

【实验原理】

1. 超声波的产生与接收 超声波是指频率高于20kHz的弹性机械波。产生超声波最普遍的方法是压电法。如果对具有压电效应的材料施加交变电压，那么它在交变电场的作用下将发生交替的压缩和拉伸形变，由此而产生了振动，并且振动的频率与所施加的交变电压的频率相同，若所施加的电频率在超声波频率范围内，则所产生的振动是超声频的振动，这种振动在弹性介质中传播即为超声波，如果将超声能转变成电能，这样就可实现超声波的接收。

2. 超声波的反射　如果介质的声阻抗相差很大，比如说声波从固体传至固/气或从液体传至液/气界面时将产生全反射。因此可以认为声波难以从固体或液体中进入气体。

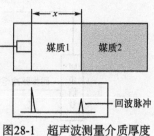

图28-1　超声波测量介质厚度示意图

3. 超声波测厚度及声速　利用超声波测量媒质厚度或异物深度(探伤)时，通常是将超声波所经媒质界面的回波通过探头转变成相应的电脉冲信号并显示在示波器荧光屏上，根据两回波出现的时间间隔t及介质的速度c，计算出所对应的介质厚度x，如图28-1所示。由于在前后两个回波所对应的时间间隔内，超声波经历了入射和反射两个过程之后才被探头接收，所以

$$x = \frac{ct}{2} \tag{28-1}$$

若测出介质厚度x，在示波器荧光屏上读出与介质厚度对应的两回波脉冲的间隔时间t，就可以算出速度c，即：

$$c = \frac{2x}{t} \tag{28-2}$$

医学上就是利用超声波在人体内遇到不同密度的组织界面时，部分能量将被反射回来，形成回波，根据回波出现的时间间隔得知不同组织间的距离。

【实验器材描述】　A型超声实验仪由主机、数字示波器、有机玻璃水箱、金属反射板、探头、Q9线及样品架(铝、铁、铜、有机玻璃、带缺陷铝柱等)组成(图28-2)。

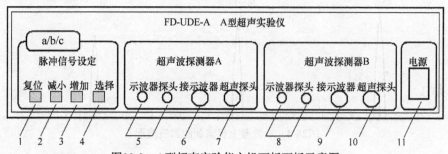

图28-2　A型超声实验仪主机面板面板示意图

1. 主机面板上按键、接线柱名称及连接

(1) 脉冲信号设定。各按键作用为：1-复位键，恢复主机设定的工作状态；2-减小按键，减小同步信号(扫描信号)的低电平持续时间；3-增加按键，增加同步信号(扫描信号)的低电平持续时间；4-工作模式选择按键，a为A路，b为B路，c为双路。

(2) 超声探测器A。各接线柱连接：5-示波器探头(A路)，接示波器CH1或CH2通道；6-接示波器(A路)，接示波器EXT通道，同步性好的数字示波器可以不接此线；7-超声探头(A路)，连接超声探头。

(3) 超声探测器B。各接线柱连接：8-示波器探头(B路)，接示波器CH1或CH2通道；9-接示波器(B路)，接示波器EXT通道，同步性好的数字示波器可以不接此线；10-超声探头(B路)，连接超声探头。

(4) 电源开关。

2. 主机内部工作原理　本仪器为双路输出(A路和B路)，两路信号一样，实验时可任选一路完成实验，如图4-18所示。以A路信号为例解释仪器的工作原理(图28-3)。

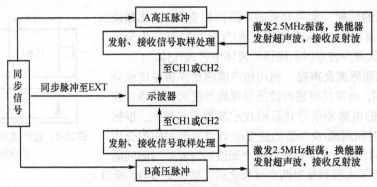

图28-3　主机内部工作原理框图

　　主机内由单片机控制同步脉冲信号与A(或B)路信号同步。在同步脉冲信号的上升沿, 电路发出一个高速高压脉冲A至换能器, 这是一个幅度呈指数形式减小的脉冲。此脉冲信号有两个用途: 一是作为被取样的对象, 在幅度尚未变化时被取样处理后输入示波器形成始波脉冲; 二是作为超声振动的振动源, 即当此脉冲幅度变化到一定程度时, 压电晶体将产生谐振, 激发出频率等于谐振频率的超声波(本仪器采用的压电晶体的谐振频率点是2.5MHz)。第一次反射回来的超声波又被同一探头接收, 此信号经处理后送入示波器形成第一回波, 根据不同材料中超声波的衰减程度、不同界面超声波的反射率, 还可能形成第二回波等多次回波。如图28-4所示。

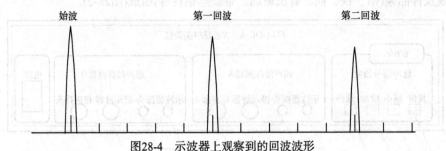

图28-4　示波器上观察到的回波波形

【注意事项】

　　(1) 探头与探测物间要涂上声耦合剂, 常用的耦合剂为对人体无刺激性且不易流失的油类, 如甘油、蓖麻油、石蜡油等。

　　(2) 超声波探头及示波器探头注意不要插错(超声探头连接的Q9插座输出为300V以上的高压), 否则会损坏示波器的外触发电路。

　　(3) 超声探头处有380V高压, 插拔注意安全。

【实验内容与步骤】

　　(1) 准备工作: 在有机玻璃水箱侧面装上超声波探头后注入清水, 至超过探头位置1cm左右即可。探头另一端与仪器A路(或B路, 以下同)"超声探头"相接。"示波器探头"左边搭口与Q9线的输出端相连, 右边搭口与Q9线的地端相连。这根Q9线的另一端与示波器的CH1或CH2相连。如果示波器的同步性能不稳, 可以再拿一根Q9线将仪器的"接示波器"头与示波器的"EXT"相连, 以此同步信号作为示波器的外接扫描信号。

　　(2) 打开机箱电源, 按"选择"键选择合适的工作状态, a为A路工作, b为B路工作, c为两路一起同步工作(很少用)。"脉冲信号设定"中的"增加"和"减少"按钮是设定同步脉冲信号(也即外部扫描信号)的低电平持续时间, 出厂设置已满足一般的实验要求, 可以不动。

(3) 将金属挡板放在水箱中的不同位置, 测出每个位置下超声波的传播时间, 可每隔5cm测一个点, 将结果作x–$t/2$的线性拟合, 根据拟合系数求出水中的声速, 与理论值比较。注意实验时有时能看到水箱壁反射引起的回波, 应该分辨出来并且舍弃之。

(4) 测定样品架上不同材料, 不同高度的样品中超声波传播的速度(选做)。在样品表面上涂上耦合剂(如甘油), 测出第一回波到第二回波的时间差, 量出样品高度, 算出速度。注意: ①由于样品中材料不纯, 所测值可能与理论值有较大偏差。②有些材料由于吸收超声波的能力较强或者材料/空气界面反射太弱, 没有第二回波, 此时只好取始波到第一回波的时间差作为估测。

(5) 超声探伤(选做)。如图28-5所示, 测出始波到缺陷引起的回波的时间差t_1, 始波到第一回波的时间差t_2, 样品的总长度D, 根据公式 $x = \dfrac{t_1}{t_2}D$ 算出缺陷位置。

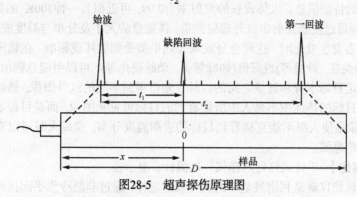

图28-5　超声探伤原理图

【思考题】
简述A型超声波诊断仪的基本原理。

(高　杨)

实验29　红外热像仪的成像原理及图像分析

【实验目的】
(1) 了解黑体辐射定律的物理意义。
(2) 学习红外热像仪的工作原理及基本特性。
(3) 掌握红外热像仪拍摄人体部位图像的处理和分析方法。
(4) 通过实验了解热辐射传播规律在现代检测技术中的应用。

【实验原理】

1. 黑体辐射定律　理想的红外辐射源是黑体。黑体的实验模型是在一内表面温度均匀且足够大的空腔表面开的一个小孔, 实验值非常接近理想状态。

普朗克应用微观粒子能量不连续的假说—量子概念, 并借助于空腔谐振子理论, 推导出了以波长λ和温度T为变量的黑体光谱辐射出射度$M_\lambda(T)$的公式, 即普朗克定律。

$$M_\lambda(T) = \frac{2\pi hc^2 \lambda^{-5}}{\mathrm{e}^{hc/(\lambda kT)} - 1} \tag{29-1}$$

该定律揭示了物体受热自发发射电磁辐射的基本规律。可得出不同温度下黑体光谱辐射出射度随波长变化的曲线。温度越高, 光谱辐射出射度越大, 反之亦然。黑体的辐射特性只与其温度有关, 与其他参数无关。

斯蒂芬-玻尔兹曼定律: 确定了黑体全波辐射出射度M_b与温度T的关系, 即

$$M_b = \sigma T^4 \tag{29-2}$$

此式表明, 黑体的全波辐射出射度与热力学温度的四次方成正比。因此, 温度非常微小的变化, 就会引起全波辐射出射度的很大变化。

维恩位移定律: 根据黑体辐射的实验数据, 提出了描述黑体光谱辐射出射度的峰值$M_\lambda(T)$所对应的峰值波长λ_m与黑体绝对温度的关系, 即

$$\lambda_m T = b \tag{29-2}$$

此式表明, 黑体光谱辐射出射度的峰值对应的波长与绝对温度成反比, 温度越高, 辐射峰值向短波方向移动。

2. 红外成像原理　自然界一切温度高于绝对零度的物体(物质)均发射出红外辐射, 且这种辐射都载有物体的特征信息。人体皮肤的发射率为0.99, 可近似为一种300K 的黑体。当室温低于体温时, 人体即通过皮肤发射出红外辐射能量, 该能量的大小及分布与温度成正比。当人体患病或某些生理状态发生变化时, 这种全身或局部热平衡受到破坏或影响, 在临床上就表现为组织温度的升高(如炎症, 肿瘤等)或降低(如脉管炎, 动脉硬化等), 可以引起总辐出度的很大变化。再利用探测仪测定目标本身和背景之间的红外线差可得到不同的红外图像, 热红外线形成的图像称为热像图。目标的热像图不是人眼所能看到的目标可见光图像, 而是目标表面温度分布图像, 即红外热成像是使人眼不能直接看到目标的表面温度分布, 变成人眼可以看到的代表目标表面温度分布的热像图。

【实验器材描述】　手持式红外热像仪、体温计、显示器。

手持式红外热像仪就是利用最基本的黑体辐射定律, 通过非制冷焦平面探测器接收被测目标物体的表面红外辐射, 把目标表面热辐射分布的不可见热图像进行实时成像。TE-W红外热像仪采用模块化设计, 如图29-1所示, 系统由以下几个部分组成: 红外成像系统; 控制、图像实时处理系统; 图像显示系统; 数据存储系统; 电源系统; 激光指示等辅助系统。

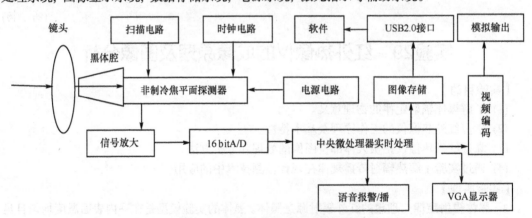

图29-1　红外热像仪成像系统框图

成像过程是将被测目标的红外辐射通过单晶锗镜头聚焦到焦平面探测器的靶面, 产生与目标温度成正比的对应电荷, 经过探测器的扫描电路产生反应目标表面热状态的热电信号, 经过高增益低噪声的放大器进行信号放大, 经过视频模数转换电路将信号转换成数字信号, 对数字视频信号进行实时信号处理后(多点校正、斑点、死点补偿、信号噪声滤波、灵敏度补偿、小物体自动温度补偿和伪彩色处理等), 并行接入数字影像应用的DSP系统, 实现各种仪器固化软件功能, 然后直接输出到VGA数字液晶屏显示, 同时通过视频编码成标准PAL/NTSC制式视频信

号输出, 可以进行选择目标图像的存储, 即可在计算机上直接浏览。

红外热像仪工作在8~14μm红外长波波段, 远离可见光波段, 完全不受阳光的干扰, 可以在白天工作。测温范围在-20℃~+50℃, 温度分辨率达0.1℃, 检测距离宜为3~5m, 持续工作时间大于6小时。红外热像仪可将被测目标各部位的温度在热像图中以颜色进行区分, 可指出高温个体位置, 并发出声音或颜色警示, 从而快速、方便地进行问题点判断。

1. **开机**　仪器面板如图29-2所示。按电源键(超过3秒)启动热像仪。

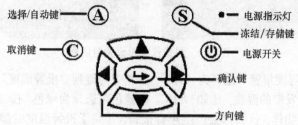

图29-2　红外热像仪面板图

2. **设置**　仪器开机后默认的测温模式如点测温, 在屏幕右上角显示 "S1=" 就是所测对象的温度。

如需区域测温, 按中间确认键, 进入热像仪菜单选择 "测温模式", 按中间确认键, 弹出图29-3对话框。

选择▶方向键 "测温模式" 选择为 "增加区域", 按中间确认键, 此时屏幕中就会出现带 "*" 号标示的区域, 屏幕右上角 "$\boxed{T}$1=" 就是这个区域里所测对象的最高温, 如图29-4所示。

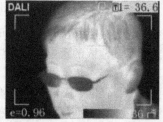

图29-3　测温模式对话框　　图29-4　被测对象温度分布图

此时按▲、▼、◀、▶方向键可调整区域的位置, 如想调整区域的尺寸, 在区域带 "*" 号标示的情况下, 按中间确认键, 出现如下对话框, 按▼方向键到 "区域移动", 再按▶方向键 "区域移动" 里变为 "尺寸", 按中间确认键, 此时可调整区域的尺寸到最大。如图29-5所示。

3. **图示**　按中间确认键, 进入热像仪菜单选择 "设置" 菜单里的 "分析设置", 按中间确认键, 出现图29-6对话框。

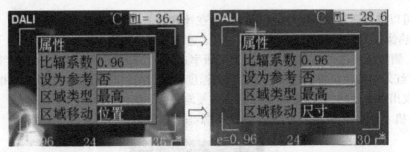

图29-5　区域调整对话框

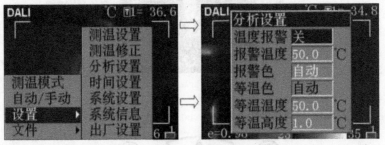

图29-6　热像仪菜单设置对话框

选择▶方向键"温度报警"选择为"开"，按▼方向键到"报警温度"，选择▶方向键"报警温度"选择为人体发烧的温度，比如37.2℃，报警色可选择为绿色，按 ⟨⟩ 中间确认键，只要出现高于报警温度的物体，仪器都会产生声音报警，并高于报警温度的颜色会变为绿色，出现图29-7对话框。

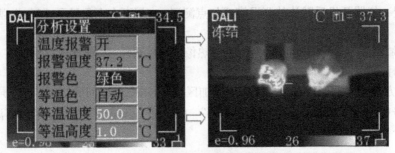

图29-7　温度报警对话框

注：第一次开机设置完成后，下次开机即可使用，无需重新设置。红外热像仪在中文菜单及屏幕快捷操作方式下，手动输入的距离、环境温度等对测量数据进行校正。

【注意事项】

(1) 仪器一定要轻拿、轻取、不能跌落，碰撞。

(2) 为保证测温精度，热像仪从开机到预热需要15分钟的过程。

(3) 因热像仪使用非常灵敏的热感应器，因此在任何情况下(开机或关机))不得将设备镜头直接对准强烈辐射源(如太阳、激光束直射或反射等)，否则热像仪将造成永久性损害。

(4) 红外热像仪发现的体温超标的被检者，建议采用传统体温计进行复检确认。

(5) 检测过程中屏幕内不应出现高于人体温度的物体。

(6) 若关机后需要马上重新开机，应等待2分钟后再开机，以免损坏仪器。使用完毕后，请盖上镜头盖。

【**实验内容与步骤**】 所有红外热像仪测量的均为人体表面温度,人体体表的最高温度一般处于额头、鼻根部周围及眼窝等部位,该部位的血管较多且表皮较薄,可以很好的反应被检测人体的温度状态,故红外热像仪检测人脸部的位置为宜。即使进行的体内,体表温度修正,与传统体温测量的人体体温也有一定的偏差,不能简单地等同于人体体温,只能用于进行大规模人体体温排查,将体温高于正常人的个体者排查出。由表29-1可查出被检测人体的实际温度值。

表29-1 额头温度与实际体温对照表[环境温度在(25±2)℃条件下]

额头温度(℃)	33.0	34.0	35.0	35.5	35.8	36.0	36.2	36.4	37.0	38.0
实际温度(℃)	35.2	36.0	36.8	37.1	37.3	37.5	37.7	37.8	38.3	39.1

(1) 设定红外热像仪与被检测人体的距离,在1 m、2 m、3m、4 m、5m处分别测定额头温度各五次,记录在自制的表格中,然后求出不同距离下的温度平均值。

(2) 由表4-4查出不同距离人体的实际温度值。用传统体温计测出被检人体的实际体温(相当于温度的理论值)和不同距离人体的实际温度值进行比较,得出最佳检测距离。

(3) 在进行红外检测时,根据屏幕中显示人体的温度场分布情况,按"S"键图像冻结,再按"S"键,图像直接存储。通过红外热像仪的USB2.0接口,可方便、快速的将内置FALSH中的图像输出到计算机中进行处理。

【**思考题**】

(1) 物体热辐射能量的大小与什么因素有关?

(2) 红外热像仪检测人体的温度是否等同于被检测人体的实际温度?为什么?

(3) 红外热像仪排查体温超高人群的优势是什么?

(仇 惠)

实验30 磁 共 振

【**实验目的**】

(1) 了解磁共振实验现象及原理。

(2) 掌握测磁旋比的方法。

(3) 学会用磁共振精确测定磁场的方法。

【**实验原理**】 自旋不为零的原子核处在恒定磁场B_0中时,在外磁场的作用下会发生能级分裂。当入射电磁波的光子能量与核能级分裂的裂距相等时,该原子核系统对这种电磁波的吸收最强,这种现象称为磁共振吸收。

对于氢原子核,即一个质子,如果原来的能级为E_0,则该原子核放在Z方向的磁场B_0中时,能级分裂为E_1和E_2两个能级。磁场越大,裂距越大。

$$E_2-E_1=\Delta E=g\mu_N B_0 \tag{30-1}$$

其中常数$\mu_N=eh/4\pi m_p$称为核磁子,m_p是质子的质量,e是质子电荷量,g是一个与原子核本性有关的无量纲常数,称为g因子,对于氢核$g=5.5855$。

若在垂直于B_0方向上加一个频率为v(10~100MHz)的旋转磁场(由射频脉冲产生)$B_1\cos2\pi vt$($B_1\ll B_0=$,则当它所对应的能量hv与能级裂距ΔE正好相等时,可发生磁共振,即磁共振的条件为

$$\Delta E=g\mu_N B_0=hv \tag{30-2}$$

由式(30-2)可以得到发生磁共振的条件是

$$v_0 = \frac{\gamma \cdot B_0}{2\pi} \tag{30-3}$$

式中 $\gamma = g \cdot \dfrac{e}{2m_p}$ 称为旋磁比, 满足式(30-3)的频率 v_0 称为共振频率。如果用圆频率 $\omega_0 = 2\pi v_0$ 表示, 则共振条件可以表示为

$$\omega_0 = \gamma \cdot B_0 \tag{30-4}$$

由式(30-4)可知, 对固定的原子核, 旋磁比 γ 一定, 调节共振频率 v_0 和恒定磁场 B_0 两者或者固定其一调节另一个就可以满足共振条件, 从而观察磁共振现象。

观察磁共振信号最好的手段是使用示波器, 但是示波器只能观察交变信号, 所以必须想办法使磁共振信号交替出现。有两种方法可以达到这一目的。一种是扫频法, 即让磁场 $\vec{B}_0$ 固定, 使射频场 $\vec{B}_1$ 的频率 ω 连续变化, 通过共振区域, 当 $\omega = \omega_0 = \gamma \cdot B_0$ 时出现共振峰。另一种方法是扫场法, 即把射频场 B_1 的频率 ω 固定, 而让磁场 B_0 连续变化, 通过共振区域。这两种方法是完全等效的, 显示的都是共振吸收信号 v 与频率差 $(\omega - \omega_0)$ 之间的关系曲线。

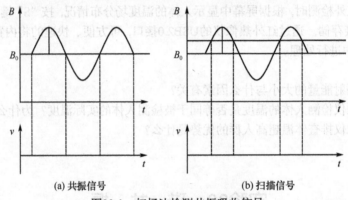

(a) 共振信号   (b) 扫描信号

图30-1 扫场法检测共振吸收信号

由于扫场法简单易行, 确定共振频率比较准确, 所以现在通常采用大调制场技术; 在稳恒磁场 B_0 上叠加一个低频调制磁场 $B_m \sin \omega' t$, 这个低频调制磁场就是由扫场单元(实际上是一对亥姆霍兹线圈)产生的。那么此时样品所在区域的实际磁场为 $B_0 + B_m \sin \omega' t$。由于调制场的幅度 B_m 很小, 总磁场的方向保持不变, 只是磁场的幅值按调制频率发生周期性变化(其最大值为 $B_0 + B_m$, 最小值 $B_0 - B_m$), 相应的拉摩尔进动频率 ω_0 也相应地发生周期性变化, 即

$$\omega_0 = \gamma \cdot (B_0 + B_m \sin \omega' t) \tag{30-5}$$

这时只要射频场的角频率 ω 调在 ω_0 变化范围之内, 同时调制磁场扫过共振区域, 即 $B_0 - B_m \leqslant B_0 \leqslant B_0 + B_m$, 则共振条件在调制场的一个周期内被满足两次, 所以在示波器上观察到如图30-1中(b)所示的共振吸收信号。此时若调节射频场的频率, 则吸收曲线上的吸收峰将左右移动。当这些吸收峰间距相等时, 如图30-1中(a)所示, 则说明在这个频率下的共振磁场为 B_0。

值得指出的是, 如果扫场速度很快, 也就是通过共振点的时间比弛豫时间小得多, 这时共振吸收信号的形状会发生很大的变化。在通过共振点之后, 会出现衰减振荡。这个衰减的振荡称为"尾波", 这种尾波非常有用, 因为磁场越均匀, 尾波越大。所以应调节匀场线圈使尾波达到最大。

【实验器材描述】磁共振实验装置由样品管、永磁铁、音频调制电源、射频边限振荡器、频率计、示波器等组成, 如图30-2所示。

(1) 样品放在塑料管内, 置于永磁铁的磁场中。样品管外绕有线圈, 构成边限振荡器振荡电路中的一个电感。

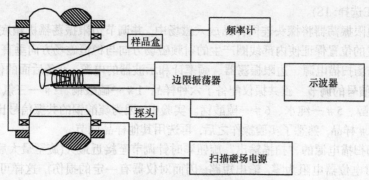

图30-2 磁共振实验装置

(2) 永磁铁提供样品能级分裂所需要的强磁场, 其磁感应强度为B_0, 在永磁铁上还加一个小的音频调制磁场, 把$B_m \sin2\pi v_m t$的50Hz信号接在永磁铁的调场线圈上($B_m < B_0$), B_m值可连续调节。因此磁场中样品处的实际磁感应强度为

$$B = B_0 + B_m \sin2\pi v_m t$$

(3) 射频边限振荡器因处于稳定振荡与非振荡的边缘状态而得名, 它提供频率为19~25MHz的射频电磁波, 其频率连续可调, 并由频率计显示。当样品由于磁共振而吸收能量时, 振荡器的输出幅度会明显降低。

【注意事项】

(1) 永磁铁提供的稳恒磁场不能任意搬动。

(2) 边限振荡器的调节必须缓慢进行。

【实验内容与步骤】

1. 熟悉各仪器的性能并用相关线连接 本实验采用的磁共振仪主要由五部分组成: 磁铁、磁场扫描电源、边限振荡器(其上装有探头, 探头内装样品)、频率计和示波器。仪器连线如图30-3所示。

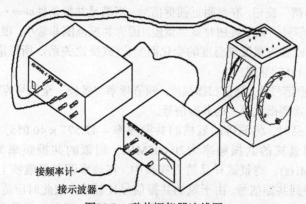

接频率计
接示波器

图30-3 磁共振仪器连线图

(1) 首先将探头旋进边限振荡器后面板指定位置, 并将测量样品插入探头内。

(2) 将磁场扫描电源上 "扫描输出" 的两个输出端接磁铁面板中的一组接线柱(磁铁面板上共有四组, 是等同的, 实验中可以任选一组), 并将磁场扫描电源机箱后面板上的接头与边限振荡器后面板上的接头用相关线连接。

(3) 将边限振荡器的"共振信号输出"用Q9线接示波器"CH1通道"或者"CH2通道","频率输出"用Q9线接频率计的A通道(频率计的通道选择: A通道,即1~100MHz; FUNCTION选择: FA; GATE TIME选择: 1S)。

(4) 移动边限振荡器将探头连同样品放入磁场中,并调节边限振荡器机箱底部四个调节螺丝,使探头放置的位置保证使内部线圈产生的射频磁场方向与稳恒磁场方向垂直。

(5) 打开磁场扫描电源、边限振荡器、频率计和示波器的电源,准备后面的仪器调试。

2. 磁共振信号的调节 磁共振仪配备了六种样品: 1#—硫酸铜、2#—三氯化铁、3#—氟碳、4#—丙三醇、5#—纯水、6#—硫酸锰。实验中,因为硫酸铜的共振信号比较明显,所以开始时应该用1#样品,熟悉了实验操作之后,再选用其他样品调节。

(1) 将磁场扫描电源的"扫描输出"旋钮顺时针调节至接近最大(旋至最大后,再往回旋半圈,因为最大时电位器电阻为零,输出短路,因而对仪器有一定的损伤),这样可以加大捕捉信号的范围。

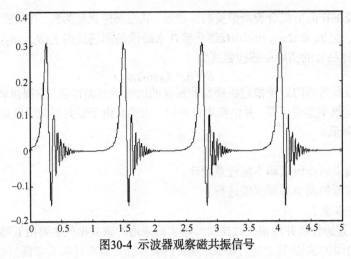

图30-4 示波器观察磁共振信号

(2) 调节边限振荡器的频率"粗调"电位器,将频率调节至磁铁标志的H共振频率附近,然后旋动频率调节"细调"旋钮,在此附近捕捉信号,当满足共振条件 $\omega=\gamma \cdot B_0$。时,可以观察到如图30-4所示的共振信号。调节旋钮时要尽量慢,因为共振范围非常小,很容易跳过。

注: 因为磁铁的磁感应强度随温度的变化而变化(成反比关系),所以应在标志频率附近±1MHz的范围内进行信号的捕捉!

(3) 调出大致共振信号后,降低扫描幅度,调节频率"微调"至信号等宽,同时调节样品在磁铁中的空间位置以得到微波最多的共振信号。

(4) 测量氟碳样品时,将测得的氢核的共振频率÷42.577×40.055,即得到氟的共振频率(例如: 测量得到氢核的共振频率为20.000MHz,则氟的共振频率为20.000÷42.577×40.055MHz=18.815MHz)。将氟碳样品放入探头中,将频率调节至磁铁上标志的氟的共振频率值,并仔细调节得到共振信号。由于氟的共振信号比较小,故此时应适当降低扫描幅度(一般不大于3V),这是因为样品的弛豫时间过长导致饱和现象而引起信号变小。射频幅度随样品而异。表30-1列举了部分样品的最佳射频幅度,在初次调试时应注意,否则信号太小不容易观测。

表30-1 部分样品的弛豫时间及最佳射频幅度范围

样品	弛豫时间(T_1)	最佳射频幅度范围
硫酸铜	约0.1ms	3~4V
甘油	约25ms	0.5~2V
纯水	约2s	0.1~1V
三氯化铁	约0.1ms	3~4V
氟碳	约0.1ms	0.5~3V

3. 李萨如图形的观测 接线图如图30-5所示:

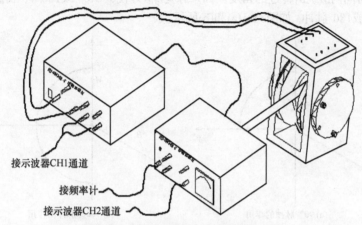

接示波器CH1通道

接频率计

接示波器CH2通道

图30-5 李萨如图形观测时仪器的连接

在前面共振信号调节的基础上,将磁场扫描电源前面板上的"X轴输出"经Q9叉片连接线接至示波器的CH1通道,将边限振荡器前面板上"共振信号输出"用Q9线接到示波器的CH2通道,按下示波器上的"X-Y"按钮,观测李萨如图形,调节磁场扫描电源上的"X轴幅度"及"X轴相位"旋钮,可以观察到信号有一定的变化。

【思考题】
(1) 什么是磁共振现象?产生磁共振的条件是什么?
(2) 为什么要加调制场?

(徐春环)

实验31 脉冲磁共振法测量弛豫时间常数

【实验目的】
(1) 掌握脉冲磁共振的基本概念和方法。
(2) 观察核磁矩在射频脉冲作用下的共振现象,加深对弛豫过程的理解。
(3) 学会利用不同的脉冲序列测量弛豫时间常数T_1和T_2,分析磁场均匀度对信号的影响。
(4) 测量不同浓度下硫酸铜溶液对应的横向弛豫时间T_2,测定T_2随$CuSO_4$浓度的变化关系。
(5) 测量样品的相对化学位移。

【实验原理】
1. 磁共振吸收的基本原理 见实验30磁共振的原理。

2. 脉冲磁共振的基本原理

(1) 90°脉冲和180°脉冲：一个具有磁矩的核系统，在恒磁场B_0的作用下，其宏观磁化强度矢量$\vec{M}$将绕B_0以角频率$\omega_0=\gamma B_0$作拉莫尔旋进。如果引入一个旋转坐标系$x'\ y'\ z'$，使z'轴与z轴重合，旋转角频率$\omega=\omega_0$。则在新坐标系中$\vec{M}$是静止的。若在某时刻沿x'方向加一个射频脉冲磁场B_1，脉冲宽度为$t_p(t_p \ll T_1, T_2)$，则在$x'\ y'\ z'$中的B_1就相当于是作用在$\vec{M}$上的恒磁场，所以$\vec{M}$将绕B_1旋进，旋进角频率为ω_1

$$\omega_1 = \frac{\theta}{t_p} = \gamma B_1 \qquad \text{或} \qquad \theta = \gamma B_1 t_p$$

式中θ表示在t_p时间内M绕B_1转过的角度。如果脉宽t_p恰好使$\theta=90°$或$180°$，我们就称这种射频脉冲为90°脉冲或180°脉冲，如图31-1(a)和(b)所示。

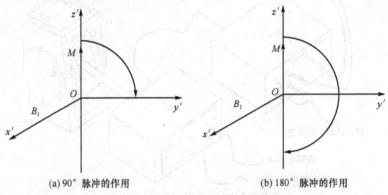

(a) 90°脉冲的作用　　　　　　　　　(b) 180°脉冲的作用

图31-1　90°脉冲和180°脉冲的作用

(2) NMR中的弛豫过程：弛豫和射频诱导激发是两个相反的过程，当两者的作用达到动态平衡时，实验上可以观测到稳定的共振信号。处在热平衡状态时，磁化强度矢量$\vec{M}$沿Z方向，记为$\vec{M}_0$。

弛豫因涉及到磁化强度的纵向分量和横向分量变化，故分为纵向弛豫和横向弛豫。

纵向弛豫又称为自旋—晶格弛豫。宏观样品是由大量小磁矩的自旋系统和它们所依附的晶格系统组成。系统间不断发生相互作用和能量变换，纵向弛豫是指自旋系统把从射频磁场中吸收的能量交给周围环境，转变为晶格的热能。自旋核由高能态无辐射地返回低能态，能态粒子数差n按下式规律变化

$$n = n_0 \exp(-t/T_1)$$

式中，n_0为时间$t=0$时的能态粒子数差，T_1为粒子数的差异与磁化强度$\vec{M}$的纵向分量M_Z的变化一致，粒子数差增加M_Z也相应增加，故T_1称为纵向弛豫时间。

T_1是自旋体系与环境相互作用时的速度量度，T_1的大小主要依赖于样品核的类型和样品状态，所以对T_1的测定可知样品核的信息。

横向弛豫又称为自旋—自旋弛豫。自旋系统内部也就是说核自旋与相邻核自旋之间进行能量交换，不与外界进行能量交换，故此过程体系总能量不变。自旋—自旋弛豫过程，由非平衡进动相位产生时的磁化强度$\vec{M}$的横向分量$M_\perp \neq 0$恢复到平衡态时相位无关$M_\perp=0$表征，所需的特征时间记为T_2。由于T_2与磁化强度的横向分量$M_\perp$的弛豫时间有关，故T_2也称横向弛豫时间。自旋—自旋相互作用也是一种磁相互作用，旋进相位相关主要来自于核自旋产生的局部磁场。射频场B_1、外磁场空间分布不均匀都可看成是局部磁场。

(3) MR信号：自由感应衰减信号：设$t=0$时刻加上射频场B_1，到$t=t_p$时$\vec{M}$绕B_1旋转90°而倾

倒在y'轴上，这时射频场B_1消失，核磁矩系统将由弛豫过程回复到热平衡状态。其中$M_z \to M_0$的变化速度取决于T_1，$M_{x'y'} \to 0$的衰减速度取决于T_2。在这个弛豫过程中，若在垂直于z轴方向上置一个接收线圈，便可感应出一个射频信号，其频率与进动频率ω_0相同，其幅值按照指数规律衰减，称为自由感应衰减信号，也写作FID信号。经检波并滤去射频以后，观察到的FID信号是指数衰减的包络线，如图31-2所示。FID信号与$\vec{M}$在xy平面上横向分量的大小有关，所以90°脉冲的FID信号幅值最大，180°脉冲的幅值为零。由于实验中恒定磁场不可能绝对均匀，则横向弛豫时间常数不是T_2而是T_2^*。

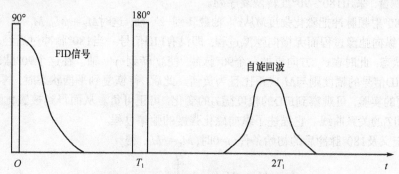

图31-2　核磁矩对自旋回波序列的响应

在实际应用中，为消除磁场不均匀性对信号测量的影响，常采用两个或多个射频脉冲组成脉冲序列，周期性地作用于核自旋系统。常用的有自旋回波序列、反转恢复序列等。这些脉冲序列的脉宽t_p和脉冲间隔时间T_1应满足下列条件

$$t_p \leqslant T_1, T_2, T_I$$
$$T_2^* < T_I < T_1, T_2$$

自旋回波信号：首先在第一个90°脉冲的作用下，M绕B_1旋进90°，转至$x'y'$平面上的y'轴，由于磁场的不均匀性，使样品内各部分核磁矩的旋进频率略有差异，有的快，有的慢，这时合成M的各分量M_i将在$x'y'$平面上分散开。这时，在x'轴方向上加一个180°脉冲，则分散开的核磁矩都将绕x'轴翻转180°，但它们的旋进方向不变，所以原来散开的分量将向着$-y'$轴方向集中，在$t = 2T_I$时刻，核磁矩重新聚合(可见，180°脉冲抵消了磁场不均匀性的影响)。于是，在接收线圈上又将感应出一个信号，它是核自旋进动产生的，被称为自旋回波(SE)信号，如图31-2所示。由于横向弛豫作用，SE信号幅度小于FID信号幅度，而且脉冲间隔T_I越大，SE幅值越小。

3. 测量弛豫时间的基本原理

(1) T_2的测量：采用90°~180°自旋回波序列，它可以克服磁场不均匀性的影响。

由自旋回波的形成过程可知，T_2可由回波的峰值与脉冲间隔T_I的函数曲线求出，但测量工作量是很大的。在实际应用中，可以采用两个脉冲序列来确定T_2。

根据T_2的定义：

$$M_y = M_{y_0} e^{\frac{t}{T_2}} \tag{31-1}$$

由于回波峰值正比于M_y，令$2T_{I1} = t_1$，对应的回波峰值为A_1；$2T_{I2} = t_2$，对应的回波峰值为A_2，则

$$A_1 = A_0 e^{-\frac{t_1}{T_2}}$$

$$A_2 = A_0 e^{-\frac{t_2}{T_2}}$$

如果选取t_2对应的回波峰值满足$A_2=A_1/2$, 对上式两边取对数, 整理得

$$T_2 = \frac{t_2 - t_1}{\ln 2} = 1.44(t_2 - t_1) \tag{31-2}$$

(2) T_1的测量: 采用180°~90°反转恢复序列。

首先用180°射频脉冲把磁化强度M从z'轴翻转到$-z'$轴, 这时$M_z=-M_0$, $M_y=0$, 可见在这个状态中, 只有纵向弛豫过程而无横向弛豫过程, 即没有FID信号。当180°脉冲过后经t时间, M已恢复到M_1的状态, 此时在x'方向再加一个90°脉冲, 使M_1转到$-y'$轴。在这个90°脉冲过后瞬间所观察到的FID信号的幅度则与M_1成正比且为负值。此后, 待恢复到平衡状态时, 再不断改变T_1值, 重复上面的实验, 可观察到FID的幅度随T_1的变化, 可正可负。从而得到核磁化强度的幅度和方向与时间T_1的关系曲线。它描述了纵向磁化强度的弛豫过程。

由M_z的定义及180°脉冲后的初始条件: $t=0$时, $M_z=-M_0$, 得

$$M_z = M_0 (1 - 2e^{-\frac{t}{T_1}}) \tag{31-3}$$

实验中, 总可以找到合适的T_1值, 使$t=T_1$时, M_z恰好为零, 并由上式求得$T_1=T_1\ln2$, 故

$$T_1 = \frac{T_1}{\ln 2} \tag{31-4}$$

实验中, 为减小误差应多次测量T_1值。

4. 化学位移的基本原理 化学位移是磁共振应用于化学上的支柱, 它起源于电子产生的磁屏蔽。原子和分子中的核不是裸露的核, 它们周围都围绕着电子。所以原子和分子所受到的外磁场作用, 除了B_0磁场, 还有核周围电子引起的屏蔽作用。电子也是磁性体, 它的运动也受到外磁场影响, 外磁场引起电子的附加运动, 感应出磁场, 方向与外磁场相反, 大小则与外磁场成正比, 所以原子核所处的实际磁场是

$$B_{核} = B_0 - \sigma B_0 = B_0 (1 - \sigma) \tag{31-5}$$

式中, σ是屏蔽因子, 它是个小量, 其值$<10^{-3}$。

因此原子核的化学环境不同, 屏蔽常数σ也就不同, 从而引起他们的共振频率各不同

$$\omega_0 = \gamma(1 - \sigma)B_0 \tag{31-6}$$

化学位移可以用频率进行测量, 但是共振频率随外场B_0而变, 这样标度显然是不方便的, 实际化学位移用无量纲的δ表示, 单位是ppm。

$$\delta = \frac{\sigma_R - \sigma_S}{1 - \sigma_S} \times 10^6 \approx (\sigma_R - \sigma_S) \times 10^6 \tag{31-7}$$

式(31-7)中σ_R, σ_S为参照物和样品的屏蔽常数。用δ表示化学位移, 只取决于样品与参照物屏蔽常数之差值。

【实验器材描述】 脉冲磁共振实验仪主要由恒温箱体(内装磁铁及恒温装置)、射频发射主机(含调场电源)、射频接收主机(含匀场电源以及恒温显示)三部分构成。仪器外观如图31-3所示。另外实验时还需要一台PC机。

本实验采用黏滞系数较大的液体作为实验样品, 例如甘油。对于非黏滞液体(例如水或溶液), 由于分子的热运动造成的自扩散, 会影响到自旋回波的幅度, 计算公式要进行修正, 有兴趣的学生可参阅有关资料。

【注意事项】

(1) 因为永磁铁的温度特性影响，实验前首先开机预热3~4小时，等磁铁稳定在36.50℃时再开始实验。

(2) 仪器连线时应严格按照说明书要求连接，避免出错损坏主机。

图31-3　脉冲磁共振实验仪装置

【实验内容与步骤】

(1) 仪器连接：将射频发射主机(表头标志"磁铁调场电源显示")后面板中"信号控制(电脑)"9芯串口座用白色串行口连接线(注意一定要用白色串行连接线)与电脑主机的串口连接；将"调场电源"用两芯带锁航空连接线与恒温箱体后部的"调场电源"连接；将"放大器电源"用五芯带锁航空连接线与恒温箱体后部的"放大器电源"连接；将"射频信号(O)"用带锁BNC连接线与恒温箱体后部的"射频信号(I)连接"；最后插上电源线。

将信号接收主机(表头标志"磁铁匀场电源显示")后面板中"恒温控制信号"用黑色串行连接线(注意一定要用黑色串行连接线，内部接线与白色不同)与恒温箱体后部的"恒温控制信号"连接；将"加热电源"用四芯带锁航空连接线与恒温箱体后部的"加热电源(220V)"连接；将"前放信号(I)"用带锁BNC连接线与恒温箱体后部的"前放信号(O)"连接；用BNC转音频连接线将"共振信号(接电脑)"与电脑麦克风音频插座连接，插上电源线。

(2) 仪器预热准备：打开主机后面板的电源开关，可以看到恒温箱体上的温度显示磁铁的当前温度，一般与当时当地的室内温度相当，过一段时间可以看到温度升高，这说明加热器在工作，磁铁温度在升高，因为永磁铁有一定的温漂，所以仪器设置了PID恒温控制系统，每台仪器都控制在36.50℃，这样在不同的环境下能够保证磁场稳定。

经过3 ~ 4小时(各地季节变化会导致恒温时间的不同)，可以看到磁铁稳定在36.50℃(有时会在36.44 ~ 36.56℃变化，属正常现象)。

打开采集软件，点击"连续采集"按钮，电脑控制发出射频信号，频率一般在20.000MHz，另外初始值一般为：脉冲间隔10ms，第一脉冲宽度0.16ms，第二脉冲宽度0.36ms，这时仔细调节磁铁调场电源，小范围改变磁场，当调至合适值时，可以在采集软件界面中观察到FID信号(调节合适也可以观察到自旋回波信号)，这时调节主机面板上"磁铁匀场电源"可以看到FID信号尾波的变化。

(3) 自由感应衰减(FID)信号测量表观横向弛豫时间T_2^*。将脉冲间隔调节至最大(60ms)，第二脉冲宽度调节至0ms，只剩下第一脉冲，仔细调节调场电源和匀场电源(电源粗调和电源细调结合起来用)，并小范围调节第一脉冲宽度(在0.16ms附近调节)，使尾波最大，应用软件通过指数拟合测量表观横向弛豫时间T_2^*，换取不同的样品(如甘油样品、机油样品等)做比较并记录其数值。

(4) 用自旋回波(SE信号)法测量横向弛豫时间T_2。在上一步的基础上，找到90°脉冲的时间宽度(作为第一脉冲), 将脉冲间隔调节至10ms, 并调节第二脉冲宽度至第一脉冲宽度的两倍(因为仪器本身特性, 并不完全是两倍关系)作为180° 脉冲, 仔细调节匀场电源和调场电源, 使自旋回波信号最大。

应用软件测量不同脉冲间隔情况下的回波信号大小, 进行指数拟合得到横向弛豫时间T_2, 与表观横向弛豫时间T_2^*进行比较, 分析磁场均匀性对横向弛豫时间的影响。

换取不同的实验样品进行比较。

(5) 测量不同浓度的硫酸铜溶液中氢核的横向弛豫时间, 分析弛豫时间随浓度变化的关系(选作)。

测量过程同上一步骤, 测量五种不同浓度的硫酸铜溶液的横向弛豫时间, 拟合其关系, 具体参见理论及方法相关论文。

(6) 用反转恢复法测量纵向弛豫时间T_1。反转恢复法是采用180° ~90° 脉冲序列测量纵向弛豫时间T_1, 方法同自旋回波法相似, 首先调节第一脉冲为180° 脉冲, 第二脉冲为90° 脉冲, 改变脉冲间隔, 测量第二脉冲的尾波幅度, 并进行拟合即可得到纵向弛豫时间T_1。

(7) 测量样品的相对化学位移: 在调节出甘油FID信号的基础上, 换入二甲苯样品, 通过实验软件分析二甲苯的相对化学位移(二甲苯频谱图两个峰的频率差大约100Hz)。

【思考题】

(1) 瞬态NMR实验对射频场的要求跟稳态NMR的有什么不同?

(2) 何谓射频脉冲? 90° 射频脉冲和180° 射频脉冲的FID信号幅值是怎样的? 为什么?

(3) 何谓90° ~180° 脉冲序列和180° ~90° 脉冲序列? 这些脉冲的参数t_p、T_1、T等要满足什么要求?为什么?

(4) 不均匀磁场对FID信号有何影响?

(徐春环)

参 考 文 献

成正维. 2002. 大学物理实验. 北京: 高等教育出版社

仇惠. 吉强. 2011. 医学影像物理学实验. 第3版. 北京: 人民卫生出版社

丁慎训, 张连芳. 2002. 物理实验教程. 第2版. 北京: 清华大学出版社

盖立平, 仇惠, 李乐霞. 2013. 医学物理学实验. 北京: 科学出版社

郭悦韶, 廖坤山. 2012. 大学物理实验. 第2版. 北京: 清华大学出版社

喀蔚波. 2008. 医用物理学实验. 第2版. 北京: 北京大学医学出版社

刘文军. 2011. 大学物理实验教程. 第3版. 北京: 机械工业出版社

沈元华, 陆申龙. 2003. 基础物理实验. 北京: 高等教育出版社

王亚平, 洪洋. 2011. 医用物理学实验. 北京: 科学出版社

吴思诚, 王祖铨. 2005. 近代物理实验. 第3版. 北京: 高等教育出版社

岳小萍, 刘东华. 2011. 医学物理学实验. 北京: 机械工业出版社

赵维义. 2007. 大学物理实验教程. 北京: 清华大学出版社

附　录

附表一　基本国际单位制

物理量名称	单位名称	单位符号	
		中文	国际
长度	米	米	m
质量	千克	千克	kg
时间	秒	秒	s
电流	安培	安	A
热力学温标	开尔文	开	K
物质的量	摩尔	摩	mol
光强度	坎德拉	坎	cd

附表二　基本物理常量(1986年国际推荐值)

量	符号	数值	不确定度/ppm
光速	c	$299\,792\,458 \text{ m} \cdot \text{s}^{-1}$	(精确)
真空磁导率	μ_0	$4\pi \times 10^{-7} \text{N} \cdot \text{A}^{-1}$	(精确)
真空介电常量	ε_0	$8.854\,187\,817\cdots \times 10^{12} \text{F} \cdot \text{m}^{-1}$	(精确)
牛顿引力常量	G	$6.672\,59(85) \times 10^{11} \text{m}^3 \cdot \text{kg}^{-1} \cdot \text{s}^{-2}$	128
普朗克常量	h	$6.626\,075\,5(40) \times 10^{-34}\text{J} \cdot \text{s}$	0.60
基本电荷	e	$1.602\,177\,33(49) \times 10^{-19}\text{C}$	0.30
电子质量	m_e	$0.910\,938\,97(54) \times 10^{-30}\text{kg}$	0.59
电子荷质比	$-e/m_e$	$-1.758\,819\,62(53) \times 10^{11}\text{C} \cdot \text{kg}^{-1}$	0.30
质子质量	m_p	$1.672\,623\,1(10) \times 10^{-27} \text{kg}$	0.59
原子质量单位	u	$1.6605655 \times 10^{-27}\text{kg}$	
阿伏伽德罗常量	N_A	$6.022\,136\,7(36) \times 10^{23} \text{mol}^{-1}$	0.59
气体常量	R	$8.314\,510(70) \text{ J·mol}^{-1} \cdot \text{K}^{-1}$	8.4
玻尔兹曼常量	k	$1.380\,658(12) \times 10^{23} \text{J} \cdot \text{K}^{-1}$	8.4
摩尔体积(理想气体)标准状态	V_m	$22.414\,10(29) \text{L} \cdot \text{mol}^{-1}$	8.4
圆周率	π	$3.141\,592\,65$	
自然对数底	e	$2.718\,281\,83$	
对数变换因子	$\log_e 10$	$2.302\,585\,09$	

附表三　常用固体和液体密度(20℃)

物质	密度ρ(kg·m^{-3})	物质	密度ρ(kg·m^{-3})
铝	2698.9	水晶玻璃	2900~3000
铜	8960	窗玻璃	2400~2700
铁	7874	石英	2500~2800
银	10500	冰(0℃)	880~920
金	19320	甲醇	792
钨	19300	乙醇	789.4
铂	21450	乙醚	714
铅	11350	食盐	2140
锡	7298	甘油	1260
水银	13546.2	蜂蜜	1435

附表四　不同温度下纯水的密度(标准大气压)

温度T(℃)	密度ρ(kg·m^{-3})	温度T(℃)	密度ρ(kg·m^{-3})	温度T(℃)	密度ρ(kg·m^{-3})
11	999.605	21	997.992	31	995.340
12	999.498	22	997.770	32	995.025
13	999.377	23	997.538	33	994.702
14	999.244	24	997.296	34	994.371
15	999.099	25	997.044	35	994.031
16	998.943	26	996.783	36	993.68
17	998.774	27	996.512	37	993.33
18	998.595	28	996.232	38	992.96
19	998.405	29	995.944	39	992.59
20	998.203	30	995.646	40	992.21

附表五　不同温度下乙醇的密度

温度T(℃)	密度ρ(kg·m^{-3})	温度T(℃)	密度ρ(kg·m^{-3})	温度T(℃)	密度ρ(kg·m^{-3})
11	0.79704	20	0.78945	29	0.78182
12	0.79620	21	0.78860	30	0.78037
13	0.79535	22	0.78775	31	0.78012
14	0.79451	23	0.78691	32	0.77927
15	0.79361	24	0.78606	33	0.77843
16	0.79283	25	0.78522	34	0.77755
17	0.79198	26	0.78437	35	0.77671
18	0.79114	27	0.78352		
19	0.79029	28	0.78267		

附表六 不同温度下水的黏滞系数 η

温度T(℃)	黏滞系数 η(×10⁻⁴Pa·s)	温度T(℃)	黏滞系数 η(×10⁻⁴Pa·s)	温度T(℃)	黏滞系数 η(×10⁻⁴Pa·s)
11	12.74	20	10.09	29	8.18
12	12.39	21	9.84	30	8.00
13	12.06	22	9.65	31	7.88
14	11.75	23	9.38	32	7.67
15	11.45	24	9.16	33	7.51
16	11.16	25	8.95	34	7.36
17	10.88	26	8.75	35	7.21
18	10.60	27	8.55		
19	10.34	28	8.37		

附表七 不同温度下乙醇的黏滞系数 η

温度T(℃)	黏滞系数 η(×10⁻⁴Pa·s)	温度T(℃)	黏滞系数 η(×10⁻⁴Pa·s)	温度T(℃)	黏滞系数 η(×10⁻⁴Pa·s)
11	14.2	20	11.9	29	10.1
12	13.9	21	11.7	30	9.9
13	13.6	22	11.5	31	9.7
14	13.4	23	11.3	32	9.5
15	13.1	24	11.1	33	9.4
16	12.9	25	10.8	34	9.2
17	12.6	26	10.6	35	9.0
18	12.4	27	10.5		
19	12.1	28	10.3		

附表八 不同温度下水的表面(与空气交界面)张力系数 α

温度T(℃)	表面张力系数α(×10⁻³N·m⁻¹)	温度T(℃)	表面张力系数α(×10⁻³N·m⁻¹)	温度T(℃)	表面张力系数α(×10⁻³N·m⁻¹)
0	75.62	17	73.20	30	71.15
5	74.90	18	73.05	40	69.55
10	74.20	19	72.89	50	67.90
11	74.07	20	72.75	60	66.17
12	73.92	21	72.60	70	64.41
13	73.78	22	72.44	80	62.60
14	73.64	23	72.28	90	60.74
15	73.48	24	72.12	100	58.84
16	73.34	25	71.96